JN103881

実習ライブラリ＝14

実習
R言語による多変量解析

―基礎から機械学習まで―

内田 治・佐野夏樹・佐野雅隆・下野僚子＝共著

サイエンス社

まえがき

　本書は多変量解析と呼ばれる統計的データ解析の方法を R という統計ソフトを使いながら学習するためのテキストとして作成しました．本書の対象は大学生から社会人までを考えています．ただし，多変量解析を学ぶにあたっては，基礎的な統計学の手法に関する事前の知識が必要になります．ここでいう事前の知識とは，ヒストグラム，箱ひげ図，散布図といったグラフに関する知識，さらに，平均値，標準偏差，相関係数という 3 つの要約統計量に関する知識，そして，検定（特に t 検定）に関する知識です．これらの知識があることを前提としていますので，統計学の基礎知識が不十分の方は，姉妹書である「実習 R 言語による統計学」を先に習得していただきたいと思います．

　本書で利用している R という統計ソフトはフリー（無料）で，世界中の多くの学生や研究者に活用されている信頼性の高いものですので，安心して実践に利用することができます．

　本書の構成は以下の通りです．

　第 1 章では多変量解析の概要ということで，多変量解析に使われるデータの形式や種類と，具体的な手法の名前を紹介しています．第 2 章では R の使い方の基本を説明しています．第 3 章では，多変量解析を実施する前に行うべきデータの要約とグラフの活用によるデータの視覚化の方法を説明しています．第 4 章から第 10 章まで多変量解析の具体的な手法について説明しています．第 4 章では多変量解析の中で最も活用頻度の高い回帰分析をとりあげています．この手法は数値データを予測するための手法です．第 5 章では数値で表現できないデータを予測するための手法であるロジスティック回帰分析と呼ばれる手法をとりあげています．第 6 章ではデータの分類に使われる代表的な手法であるクラスター分析をとりあげています．第 7 章はデータを統合的に結合して，新たなデータを作り出すことを目的として使われる主成分分析と呼ばれる手法をとりあげています．第 8 章では心理学やマーケティングの分野でよく使われる因子分析をとりあげています．ここでいう因子とは観測されない潜在的な原因と考えるといいでしょう．英語と国語の試験の点数に影響する原因（因子）は何かといったことを考えるときに使う手法です．第 9 章は数値で表現できないデータが多数あるときに，それらのデータを要約して，視覚化する手法である対応分析を紹介しています．この手法はアンケート調査で得られたデータの分析に非常に有用な手法です．第 10 章では，決定木と呼ばれる手法を紹介しています．この手法は多変量解析の手法であると同時に，機械学習と呼ばれるデータ解析方法の代表的な手法です．最後の 11 章では各手法の復習を兼ねて，データ解析の課題を設けています．

　本書では手法ごとに，その手法の概要，例題，結果と見方，R による結果の出し方という構成にしていることが特徴です．

　本書が多変量解析を R で実践する方法を学ぶ大学生や社会人の一助になれば幸いです．

　2023 年 4 月

著　者

目　　次

第1章 多変量解析の概要

1.1 多変量データとは

1.1.1 多変量のデータ表

次のデータ表は成人 20 人の身長（cm），体重（kg），腹囲（cm），性別，血液型を一覧表にしたものである．

表 1.1 データ表

番号	身長	体重	腹囲	性別	血液型
1	172	57	81	女	AB
2	164	46	70	女	A
3	165	52	71	女	O
4	164	52	75	女	B
5	166	62	86	男	A
6	182	78	107	男	AB
7	156	52	69	女	O
8	166	61	99	男	A
9	169	67	83	男	A
10	169	65	109	男	B
11	172	60	95	男	O
12	166	50	87	男	A
13	182	85	94	男	A
14	175	49	67	女	O
15	172	60	95	男	B
16	171	56	88	男	O
17	160	50	87	女	B
18	150	53	71	女	O
19	159	54	80	女	A
20	168	59	69	女	A

多変量データとは，1 つの対象（人や物）について，3 つ以上の測定結果（あるいは観察結果）が得られているデータの集まりである．測定や観察される項目のことを統計学の世界では**変数**と呼んでいる．上記のデータ表は 1 つの対象（人）に対して，5 つの変数に対する測定結果が得られていることになり，多変量データの例となる．

多変量データを解析する方法の総称を**多変量解析**と呼んでいる．多変量解析という 1 つの解析方法があるのではなく，多変量解析には複数の解析方法が存在する．なお，多変量データを解析する

行為を多変量解析と呼ぶこともある.

1.1.2　4つの測定尺度

データは次に示す4つの測定尺度に分けることができる.

(1)　名義尺度（分類尺度）

性別や血液型は大小関係や順序関係は存在しない. このようなデータを**名義尺度**のデータという. 分類尺度と呼ぶこともある. 性別のように2種類しか値が存在しないデータを2値データ, 血液型のように3種類以上の値が存在するデータを多値データと呼んで, 区別することもある.

(2)　順序尺度

アンケート調査などで「あなたの健康状態をお答えください」という質問を見ることがある. この質問に対する回答として, 次のような5つの選択肢が与えられたとしよう.

　　　1. 不調　　2. やや不調　　3. どちらともいえない　　4. まあ好調　　5. 好調

この場合の1, 2, 3, 4, 5の間には等しいという保証がない. すなわち, 次のような式になることを意味している.

$$5 - 4 \neq 2 - 1$$

一方で, 数値が大きいほど体調は良いと感じていることは確かである. このように数値間の等間隔は保証されていないが, 順序関係があるデータを**順序尺度**のデータという.

(3)　間隔尺度

身長, 体重, 腹囲といった測定項目は順序関係があり, かつ, 等間隔のデータである. このようなデータを**間隔尺度**のデータという.

(4)　比例尺度

間隔尺度のデータの中で, 割り算の結果にも意味があるデータを**比例尺度**のデータという. 間隔尺度と比例尺度の区別はデータの扱いという点では重視する必要がないので, 間隔尺度と比例尺度をまとめて**連続尺度**のデータと呼んでいる.

1.1.3　変数の種類

4つの測定尺度のうち, 名義尺度または順序尺度のデータを**カテゴリデータ**と呼び, 間隔尺度または比例尺度のデータを**数値データ**と呼んでいる.

カテゴリデータで構成されている変数を**質的変数**（あるいはカテゴリ変数, カテゴリカル変数）と呼び, 数値データで構成されている変数を**量的変数**（あるいは数値変数, 連続変数）と呼び, 区別している. 身長, 体重, 腹囲の3つの変数は量的変数であり, 性別と血液型の2つの変数は質的変数である. 変数を量的変数と質的変数に区別することは多変量データを解析するときの出発点となる.

1.1.4　変数の役割

多変量データにおける変数を「結果を表す変数と, その結果を説明する変数」, あるいは, 「予測したい変数と予測するのに使う変数」というように, 変数の果たす役割によって2つに分けることがある. このとき, 「結果を表す変数（予測したい変数）」のほうを**目的変数**と呼び, 「その結果を説明する変数（予測するのに使う変数）」のほうを**説明変数**と呼んでいる.

1.2　多変量解析の手法

1.2.1　多変量解析の種類

　多変量解析法は解析の目的によって，予測型手法と分類型手法に分けることができる．言い方を換えると，「当てる」ための手法と「分ける」ための手法である．

　予測型手法は「ある変数の値を他の変数の値を使って予測したい」という場面で用いられる手法で，分類型手法は「複数の変数の値に基づいて，対象を総合的に評価して，対象をグループ分けしたい」という場面で用いられる手法である．

$$\text{多変量解析の手法}\begin{cases}\text{予測型手法} & \leftarrow \quad \text{当てるための手法} \\ \text{分類型手法} & \leftarrow \quad \text{分けるための手法}\end{cases}$$

1.2.2　予測型手法

(1)　重回帰分析

　「身長と体重を使って，腹囲を予測したい」という場面で使う手法である．このときには，腹囲が目的変数，身長と体重が説明変数となる．重回帰分析は目的変数が量的変数でなければいけない．説明変数は量的変数と質的変数のどちらでもかまわない．質的変数のときはダミー変数と呼ばれる方法で質的変数を量的変数に変換する方法が使われる．ダミー変数とは性別のような場合，男ならば1，女ならば0という数値を与えて解析する方法である．

(2)　判別分析・ロジスティック回帰分析

　「身長と体重を使って，性別を予測したい」という場面で使う手法である．このとき使われる手法として，判別分析がある．判別分析では性別が目的変数，身長と体重が説明変数となる．判別分析は目的変数が質的変数であるときに使われる手法であるが，説明変数は量的変数でなければいけない．前述のダミー変数を用いれば，質的変数を説明変数とする判別分析も可能であるが，この方法は統計学の世界では賛否両論があり，推奨できる方法ではないことに留意されたい．

　判別分析と同様に，目的変数が質的変数のときに使う手法として，ロジスティック回帰分析という手法がある．この手法は説明変数として，量的変数と質的変数のどちらも使用することができる．

(3)　決定木解析

　フローチャートの形状（ツリーの形状）で，説明変数ごとに枝分かれさせていき，目的変数が量的変数のときは平均値を，質的変数のときは割合を予測する手法として，決定木あるいは決定器と呼ばれる手法がある．この手法は多変量解析の手法として紹介されるときもあれば，AIの分野で使われる機械学習の手法として紹介されることもある．決定木は目的変数が量的変数のときは回帰の木，質的変数のときは分類の木と呼ばれている．

1.2.3　分類型手法（分けるための手法）

対象を分類したり，総合的に評価したりするときに用いられる手法である．目的変数と説明変数という区分けはない．具体的には次のような手法がある．

(4)　主成分分析

複数の量的変数を統合して（合成して），新たな総合指標を作り出し，その総合指標で個体（人や物）を分類する場面で使う手法である．

(5)　因子分析

複数の量的変数に共通する因子を見つけ出すための手法である．見つけ出した因子を使って，個体を分類することも行われる．

(6)　対応分析（数量化理論 III 類）

複数の質的変数や個体を分類する場面で使う手法である．対応分析は主成分分析の質的変数版であると考えるとよいだろう．対応分析は数量化理論 III 類と呼ばれる手法と同等である．

(7)　クラスター分析

変数の似たもの同士，または，個体の似たもの同士を集めてクラスター（グループ）を作り出して，データを分類するための手法である．

(8)　多次元尺度構成法・数量化理論 IV 類

対象同士の近さ（親近性）に基づいてグループ作りをする手法である．親近性行列あるいは距離行列と呼ばれるデータに基づいて実施される．なお，多次元尺度構成法と数量化理論 IV 類の 2 つの手法は本書では取り扱っていない．

第2章　Rの使い方

2.1　Rの概要

2.1.1　Rとは

R言語は，フリーソフトウェアの統計解析およびグラフィックス向けのプログラミング言語・環境である（以降，本書ではRと記す）．Rは世界中で使用されており，日本語にも対応している．Rの強みは何といっても，多数の統計解析手法がフリーで提供されているという点である．統計解析手法は日々開発されており，最先端の統計解析手法も利用することが可能である．統計解析手法の多くは，Rのパッケージとして公開されており，現在では6000以上のパッケージが登録されている．

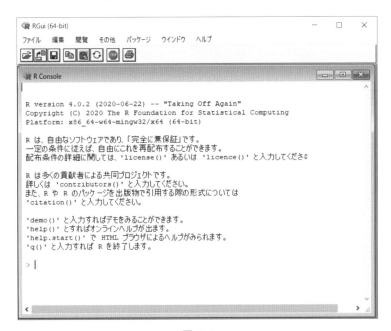

図 2.1

2.1.2　R の入手方法

開発された R は，R の CRAN[1]と呼ばれるネットワークで配信されており，下記のサイトよりアクセスしてダウンロードすることができる．https://cran.r-project.org/または，国内ミラーサイト[2]へアクセスしてダウンロードする．

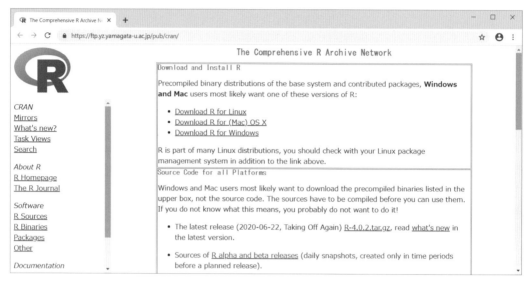

図 2.2

2.1.3　R のインストール方法

(1)　ダウンロード

①　**CRAN へアクセス**

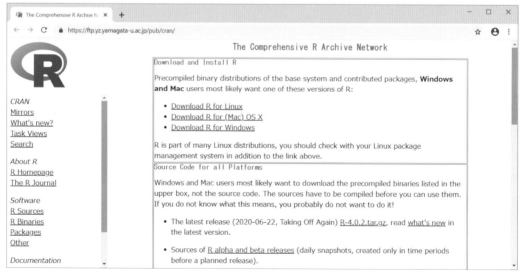

図 2.3

---

[1] CRAN（Comprehensive R Archive Network）

[2] 日本国内には以下がある．
　　https://cran.ism.ac.jp/　　The Institute of Statistical Mathematics, Tokyo
　　https://ftp.yz.yamagata-u.ac.jp/pub/cran/　　Yamagata University

② **OS の選択**

使用している OS に合わせて選択する.

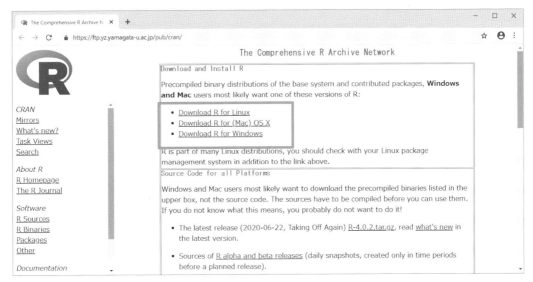

図 2.4

- Windows：［Download R for Windows］を選択
- Mac：［Download R for (Mac) OS X］を選択

Windows の場合

③ **Subdirectories の選択**

［base］を選択する（［install R for the first time］を選択しても同様）.

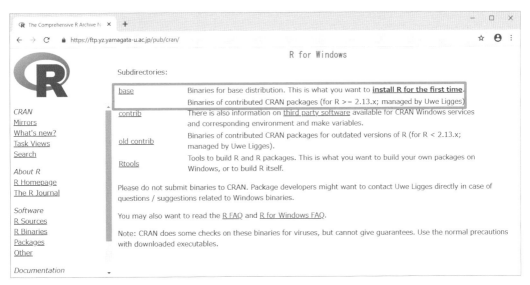

図 2.5

④　バージョンの選択

最新バージョンが表示される．選択するとダウンロードが開始される．

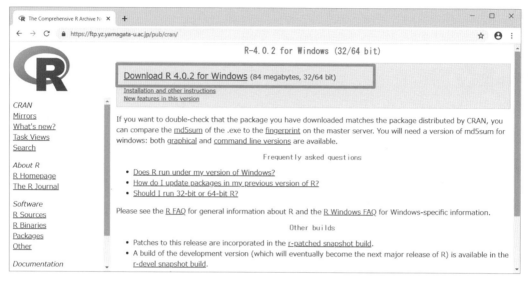

図 2.6

(2)　インストール

ダウンロードが完了したら，R のインストールを実行する．メッセージが表示されたら「実行」または「はい」を選択する．

①　言語の選択

［日本語］を選択して［OK］をクリックする．

図 2.7

②　利用規約の確認

内容を確認して［次へ］をクリックする．

図 2.8

③ インストール先の指定

インストール先を指定して［次へ］をクリックする.

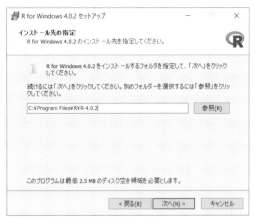

図 2.9

④ コンポーネントの選択

［32-bit 利用者向けインストール］または［64-bit 利用者向けインストール］を選択して［次へ］をクリックする.

32bit

64bit

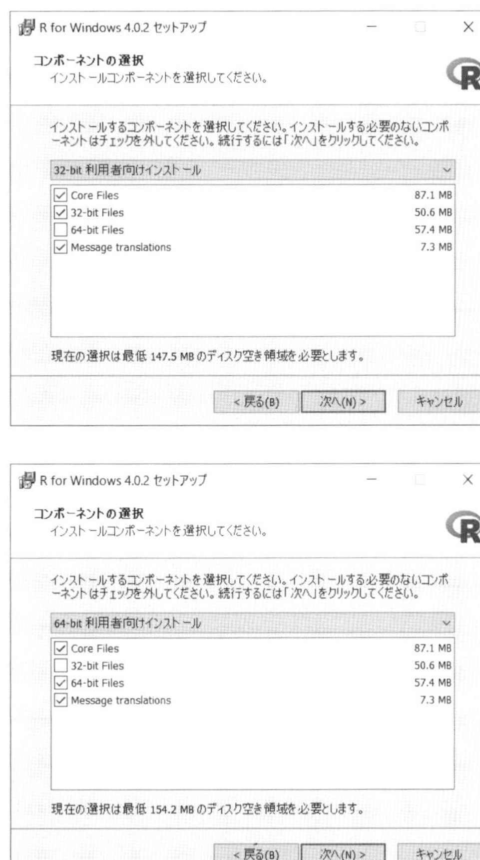

図 2.10

⑤　起動時オプションの選択

　［次へ］を選択する（初心者の方はデフォル
ト設定をお勧めする）.

図 2.11

⑥　プログラムグループの指定

　［次へ］を選択する.

図 2.12

⑦　追加タスクの選択

　［デスクトップ上へアイコンを追加する］を
選択して，［次へ］を選択する（初心者の方は
デフォルト設定をお勧めする）.

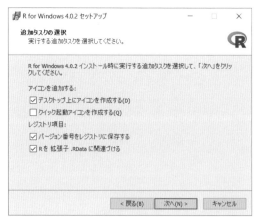

図 2.13

Rのインストールが開始される.

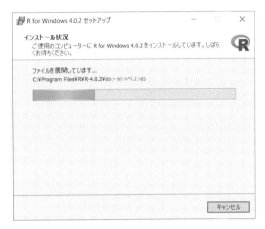

図 2.14

［完了］をクリックすると，インストールが
完了する.

図 2.15

2.1.4　Rの起動

デスクトップにRのショートカットアイコンが作成されるので，ダブルクリックをすると，Rが
起動する.

図 2.16

（注）　以上はバージョン **4.0.2** を例とした進め方であるが，バージョンは常に変更されているので，バージョン
番号や画面が本書と異なることがある.

2.2 Rの使い方

2.2.1 初期画面

R コンソール画面にコマンドを入力していくことで，四則演算や統計解析，グラフの作成などを行うことができる．

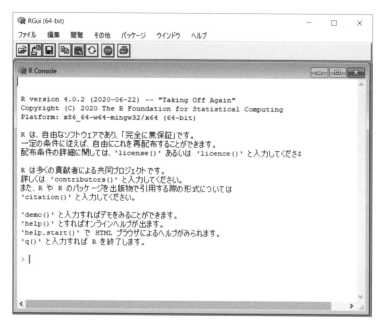

図 2.17

2.2.2 データの入力例

R では，数値型や文字型などさまざまな型のデータを入力することができる．このとき，同じ型のデータをまとめて並べたものをベクトルという．ベクトルを作成する関数は c( ) であり，データを入力するにはこの関数を使用する．以下のデータを入力してみる．

8	32	11	27	5

```
> x <- c(8,32,11,27,5)
# [8,32,11,27,5] と入力し，このデータを x と名付ける
```

図 2.18

2.2.3 合計と平均の計算例

① 合計を求める

```
> sum(x)
```

図 2.19

コマンド入力後，「Enter」キーをクリックすると解が得られる．

図 2.20

② 平均を求める

```
> mean(x)
```

図 2.21

2.2.4 棒グラフの例

入力する 5 つのデータに，次のようなラベルをつけ，棒グラフを作成する．

A	B	C	D	E
8	32	11	27	5

```
> barplot(x, names.arg = c("A", "B", "C", "D", "E"), ylab= "人数")
# 棒に左から [A,B,C,D,E] とラベルを付け，縦軸に [人数] とラベルを付けた棒グラフを作成する
```

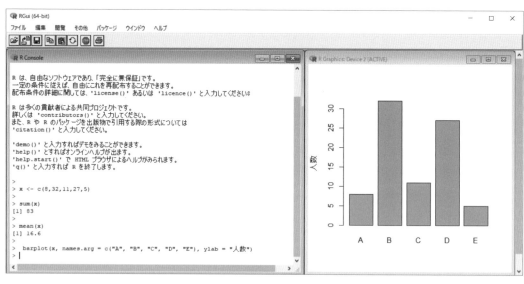

図 2.22

2.3 Rコマンダーの紹介

2.3.1 Rコマンダーとは

　Rは関数やコマンドを手で入力できる知識がないと活用することができないソフトである．そこで，関数入力をメニューから選べば，統計解析を実施してくれるというパッケージがRコマンダーである．Rコマンダーは，マウスを使ってクリックしながら統計解析を進められるように，Rを変更するパッケージである．これをGUI（Graphical User Interface）と呼んでいる．コマンド形式のRをGUI形式にしてくれるオプションである．

　Rコマンダーは初心者でも使いやすいという利点があるが，どんな統計手法でも実行できるわけではないので，使える統計手法の種類は減ってしまうという欠点もある．その場合には，Rコマンダーを使わずに，R単独で実施すればよい．

2.3.2 Rコマンダーのインストール

　Rコマンダーをインストールする手順を以下に示そう．

① 　Rを起動する．

② 　メニューから[パッケージ]→[パッケージのインストール]と選ぶ．

図 2.23

③ 　「--- このセッションで使うために，CRANのミラーサイトを選んでください ---」というメッセージと，CRANのミラーサイト一覧表が現れるので，「 Japan（Tokyo）[https] 」をクリックする．

④ 　インストールしたいパッケージ「 Rcmdr 」をクリックすると，インストールが始まる．インストールが終了すると，コマンドプロンプト（＞の記号）に戻る．

⑤ 　＞の状態で library(Rcmdr) と入力して，Enter キーを押す．

⑥ 　「利用する次のパッケージがありません」のような警告のダイアログボックスが出て，再び，いくつかのパッケージをインストールし始める．

⑦ 　インストールが終了して，コマンドプロンプト（＞の記号）に戻る．

⑧ 　＞の状態で library(Rcmdr) と入力して，Enter キーを押すと，次の画面のようなRコマンダーのメニューが登場して，Rコマンダーを使える状態になる．

図 2.24

ここで，たとえば，Excel に入力したデータを使いたいのであれば，メニューから [データ]→[データのインポート] と選び，[エクセルファイルから...] を選ぶとよい.

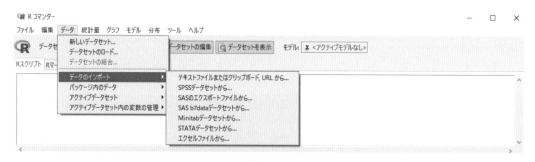

図 2.25

2.3.3 R コマンダーの起動と終了

R を起動後，最初に使うときは，＞の状態で library(Rcmdr) と入力すると，R コマンダーが起動する．終了時は R コマンダーのメニューから ［ファイル］ → ［終了］ → ［コマンダー］ と選ぶ.

R コマンダーを終了して，再び起動したいときは，＞の状態で detach(package:Rcmdr) と入力してから，library(Rcmdr) と入力する.

第3章　多変量解析における 事前の予備的解析

3.1　予備的解析の概要

3.1.1　1変数ごとの数値的要約

多変量解析を実施する前に，1変数ごとの解析（単変量解析）と2変数のごとの解析（2変量解析）を行い，データの分布，外れ値の有無，2つの変数間の関係を把握しておくことは，多変量解析の結果を解釈するときにも役立つ重要な作業である．

データを要約するときには一般的に次のような統計量が用いられる．

① 平均値　　　　　　　　　　　⑤ 最小値
② 分散　　　　　　　　　　　　⑥ 最大値
③ 標準偏差　　　　　　　　　　⑦ 第1四分位数（25パーセンタイル）
④ 中央値　　　　　　　　　　　⑧ 第3四分位数（75パーセンタイル）

上記の④から⑧を使ってデータを要約することを **5数要約** と呼んでいる．

3.1.2　1変数ごとの視覚的要約

データの視覚化には次のようなグラフが用いられる．

① ヒストグラム

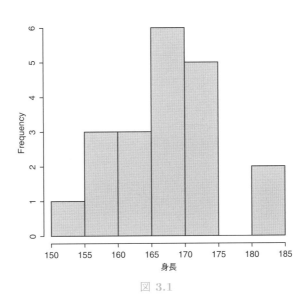

図 3.1

② 箱ひげ図

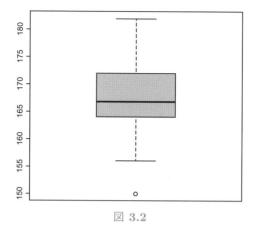

図 3.2

③ 幹葉図

```
The decimal point is 1 digit(s) to the right of the |

15 | 069
16 | 0445666899
17 | 12225
18 | 22
```

④ ドットプロット

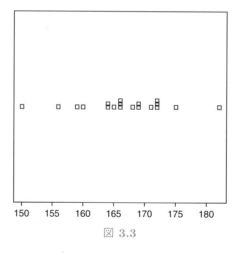

図 3.3

3.1.3　2変数ごとの数値的把握

2変数ごとの解析（2変量解析）は相関関係を把握することが目的となる．相関関係を数値的に把握するときには**相関係数**が使われる．相関係数は r と表記される．

相関関係には正の相関と負の相関があり，一方の変数の値が増加すると，もう一方の変数の値も増加するとき，**正の相関**があるといい，一方の変数の値が増加すると，もう一方の変数の値が減少するとき，**負の相関**があるという．

相関係数 r は次に示す性質を持っている．

- $-1 \leqq r \leqq 1$
- 正の相関があるときは $r > 0$ となる．
- 負の相関があるときは $r < 0$ となる．
- 相関がないときは $r \fallingdotseq 0$ となる．
- 相関関係の強さは $|r|$ で評価し，$|r|$ が1に近いほど相関関係は強いと判断する．

3.1.4　2変数ごとの視覚的把握

2変数の関係を視覚的に把握するときのグラフには**散布図**が使われる．散布図上の点が右上がりの方向に沿って散らばっているときには正の相関があるといい，右下がりの方向に沿って散らばっているときには負の相関があるという．

原因と結果の関係を見るときには，縦軸に結果を示す変数を配置し，横軸に原因を示す変数を配置する．

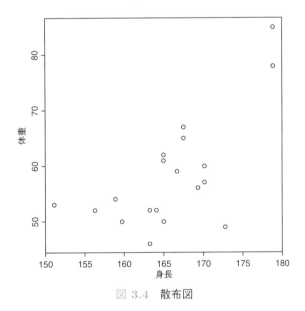

図 3.4　散布図

3.2　例題

例題 3.1

第 1 章の表 1.1 に示したデータにおける「身長」と「体重」をとりあげる.

表 3.1

番号	身長	体重
1	172	57
2	164	46
3	165	52
4	164	52
5	166	62
6	182	78
7	156	52
8	166	61
9	169	67
10	169	65
11	172	60
12	166	50
13	182	85
14	175	49
15	172	60
16	171	56
17	160	50
18	150	53
19	159	54
20	168	59

(1)　「身長」について，統計量（平均値，分散，標準偏差，中央値，最小値，最大値，第 1 四分位数，第 3 四分位数）を求めよ.

(2)　「身長」について，ヒストグラム，箱ひげ図，幹葉図，ドットプロットを用いて，データをグラフ化せよ（75 パーセンタイル）.

(3)　「身長」と「体重」の相関係数を求めよ.

(4)　「身長」と「体重」のデータを散布図でグラフ化せよ.

3.3 結果と見方

■ 統計量

```
   Min. 1st Qu.  Median    Mean 3rd Qu.    Max.
  150.0   164.0   167.0   167.4   172.0   182.0
> var(身長)
[1] 60.98947
> sd(身長)
[1] 7.809576
```

Min.	→	最小値	150.0	Median	→	中央値	167.0
1st.Qu.	→	第 1 四分位数	164.0	Mean	→	平均値	167.4
3rd.Qu.	→	第 3 四分位数	172.0	Var	→	分散	60.9895
Max.	→	最大値	182.0	sd	→	標準偏差	7.8096

■ ヒストグラムの見方

　図 3.1 のヒストグラムでは，分布の中心位置，分布の広がり（ばらつき），分布の形，外れ値の有無を視覚的に把握することになる．ただし，分布の形を検討するには，データの数として 50 以上欲しい．

■ 箱ひげ図の見方

　図 3.2 の箱ひげ図は次のように作成されている．

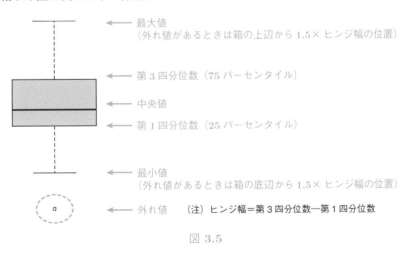

　図 3.5

■　幹葉図の見方

```
15 | 069        ←  150, 156, 159 というデータがある
16 | 0445666899
17 | 12225
18 | 22
   ↑    ↑
   幹   葉
```

■　ドットプロットの見方

　ヒストグラムと箱ひげ図はデータの数が多いとき（50 以上）に有効なグラフであり，少ないときには幹葉図や図 3.3 のようなドットプロットのほうが適切である．ドットプロットは横軸を数直線と考えて，該当する数値にデータを 1 点ずつプロットしたグラフである．

■　相関係数

```
        Pearson's product-moment correlation

data: 身長 and 体重
t = 3.8946, df = 18, p-value = 0.001062
alternative hypothesis: true correlation is not equal to 0
95 percent confidence interval:
 0.3335423 0.8610862
sample estimates:
      cor
0.6762491
```

　体重と身長の相関係数は 0.6762491 と求められている．

■　散布図

　図 3.4 の散布図は右上がりに点が散布している．このことから体重と身長には正の相関関係があることがわかる．

3.4 Rによる結果の出し方

3.4.1 例題3.1のデータの入力

```
> 身長 <- c(172, 164, 165, 164, 166, 182, 156, 166, 169, 169, 172, 166, 182, 175,
+ 172, 171, 160, 150, 159, 168)
> 体重 <- c(57, 46, 52, 52, 62, 78, 52, 61, 67, 65, 60, 50, 85, 49, 60, 56, 50,
+ 53, 54, 59)
```

3.4.2 例題3.1のコマンド

```
> summary(身長)
# データの要約の出力
```

```
> var(身長)
# 分散の算出
```

```
> sd(身長)
# 標準偏差の算出
```

```
> hist(身長)
# ヒストグラムの作成
```

```
> boxplot(身長)
# 箱ひげ図の作成
```

```
> stem(身長)
# 幹葉図の作成
```

```
> stripchart(身長, method = "stack")
# ドットプロットの作成
```

```
> cor.test(身長, 体重, method="pearson")
# 相関係数の算出と検定および推定
```

```
> plot(身長, 体重)
# 散布図の作成
```

3.5 データフレームの作成

多変量解析を実施する上で必要となる**データフレーム**について述べておこう．次のようにデータを入力するのは，1 変量のデータを 3 つ入力しただけで，多変量データの形式にはなっていないことに注意する必要がある．

```
> 身長 <- c(172, 164, 165, 164, 166, 182, 156, 166, 169, 169, 172, 166, 182, 175,
+ 172, 171, 160, 150, 159, 168)
> 体重 <- c(57, 46, 52, 52, 62, 78, 52, 61, 67, 65, 60, 50, 85, 49, 60, 56, 50,
+ 53, 54, 59)
> 腹囲 <- c(81, 70, 71, 75, 86, 107, 69, 99, 83, 109, 95, 87, 94, 67, 95, 88, 87,
+ 71, 80, 69)
```

R で多変量解析を実施する場合，1 変量のデータを合併して，多変量データの形式にする必要が出てくる．そこで使うのがデータフレームの作成である．**data.frame** 関数を用いる．

```
> datay <- data.frame(身長, 体重, 腹囲)
```

これで datay という名前のデータフレームが作成できる．datay の内容を確認すると，次のようになっていることがわかる．

```
> datay
   身長 体重 腹囲
1   172   57   81
2   164   46   70
3   165   52   71
4   164   52   75
5   166   62   86
6   182   78  107
7   156   52   69
8   166   61   99
9   169   67   83
10  169   65  109
11  172   60   95
12  166   50   87
13  182   85   94
14  175   49   67
15  172   60   95
16  171   56   88
17  160   50   87
18  150   53   71
19  159   54   80
20  168   59   69
```

Excel で入力したデータ R に読み込んだときも，上記と同じデータフレームになる．

たとえば，データフレーム（datay と名前を付ける）を作成して，**pairs** 関数を使うと，図 3.6 に示すような散布図行列を作成することができる．

```
> 身長 <- c(172, 164, 165, 164, 166, 182, 156, 166, 169, 169, 172, 166, 182, 175,
+ 172, 171, 160, 150, 159, 168)
> 体重 <- c(57, 46, 52, 52, 62, 78, 52, 61, 67, 65, 60, 50, 85, 49, 60, 56, 50, 53,
+ 54, 59)
> 腹囲 <- c(81, 70, 71, 75, 86, 107, 69, 99, 83, 109, 95, 87, 94, 67, 95, 88, 87,
+ 71, 80, 69)
> datay <- data.frame(身長, 体重, 腹囲)
> pairs(datay)
```

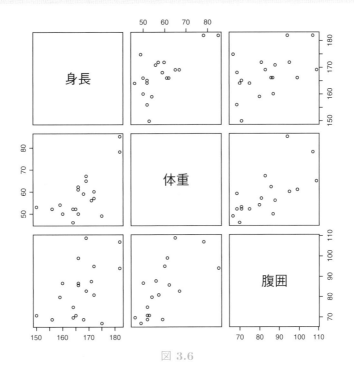

図 3.6

R で多変量解析を実施するときには，データフレームのデータを解析することが基本となる．

練習問題

3.1　次のデータ表は学生 20 人について，英語，国語，数学の試験の結果を記録したものである．

表 3.2

学生番号	国語	英語	数学
1	65	68	55
2	37	56	30
3	24	49	26
4	54	66	45
5	27	46	41
6	46	60	38
7	42	59	47
8	34	54	37
9	44	57	51
10	39	53	45
11	40	54	32
12	35	58	38
13	39	58	39
14	37	52	52
15	36	54	36
16	49	58	48
17	43	57	38
18	22	48	32
19	32	52	40
20	42	55	51

国語について，以下の統計量とグラフを作成せよ．

(1)　平均値，中央値，最小値，最大値，第 1 四分位数，第 3 四分位数

(2)　ヒストグラム

(3)　箱ひげ図

(4)　幹葉図

3.2　表 3.2 からデータフレームを作成して，英語，国語，数学の散布図行列を作成せよ．

第 4 章　回帰分析

4.1　単回帰分析の概要

　回帰分析とは，把握したい変数（目的変数）を，1つあるいは複数の変数（説明変数）を用いて定量的に説明できるようにすることである．説明変数の個数や，変数の種類（長さや重量といった量的なものであるか，機器の種類といった質的なものであるか）などによって，分析方法にパタンがある．

　回帰分析の中でも**単回帰分析**とは，1つの目的変数に対して，1つの説明変数を用いて説明できるようにすることである．目的変数 y，説明変数 x の間に，式 (4.1) が成り立つと仮定し，切片 a と傾き b を明らかにする．

$$y = a + bx \tag{4.1}$$

a と b が明らかになれば，同じような対象について，x を入力すれば，y を容易に把握できるようになる．ただし，単回帰分析によって導かれる回帰式 (4.1) について，当てはまりの良さがどの程度なのか（寄与率），与えられたデータに回帰直線を当てはめた意味があったかどうか（F 検定）を行う．さらに，実測値と予測値の差である残差について検討することで，回帰診断を行う．

　本章では，1つの目的変数に対して1つの説明変数との関係を明らかにする単回帰分析と，1つの目的変数に対して複数の説明変数との関係を明らかにする重回帰分析とをとりあげ，その理論と実践について学ぶ．

4.2　例題

　製品の代表的な特性である製品長さについて，材料重量との関係を明らかにしたい．そこで，製造ラインにおいて，製品長さと材料重量のデータを収集して解析することにした．表 4.1 は，各ロットでの製品長さと製品重量のデータ 20 個である．

表 4.1　製品長さと材料重量のデータ

製品長さ y	材料重量 x
213.3	175
195.4	80
204.1	117
200.2	90
206.3	151
200.9	110
210.7	132
202.4	88
216.0	225
200.2	132
210.2	182
207.6	98
210.3	156
213.9	197
211.5	123
220.2	233
218.2	244
218.9	198
217.2	209
216.7	249

　目的変数を製品長さ，説明変数を材料重量とする．

(1)　データ点検（散布図の作成と外れ値の把握）を行え．

(2)　単回帰分析を行え．

(3)　回帰診断を行え．

4.3 結果と見方

4.3.1 解析結果

図 4.1 に示す回帰直線を描いた散布図によって，目的変数 y と説明変数 x の関係と，データセットの回帰直線への当てはまり具合が大まかに把握される．散布図は，2 つの変数の関係を見るために，横軸と縦軸それぞれに変数を指定し，データをプロットしたものである．x と y の間の相関係数は 0.89 であり，散布図でも相関を確認できる．

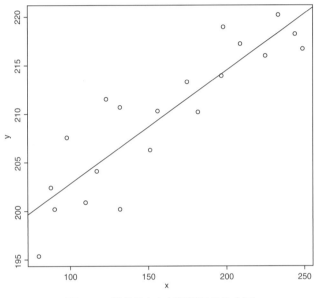

図 4.1 製品長さと材料重量の散布図

また，回帰分析により得られる回帰式は以下の通りである．

$$y = 191 + 0.117x \tag{4.2}$$

4.3.2 結果の見方

回帰分析は，表 4.2 の通り，①データ点検，②回帰分析実施，③回帰診断の順に行い，各ステップで多様な情報を参照しながら進める．

表 4.2 回帰分析の進め方

No.	実施事項	実施目的	参照情報
①	データ点検	明らかな外れ値，相関の把握	基本統計量，相関係数，時系列グラフ，散布図など
②	回帰分析	回帰モデルの導出と検定	回帰母数（回帰係数，切片），寄与率，F 検定結果
③	回帰診断	回帰モデルの妥当性の検討	回帰診断図（残差プロット，正規 Q-Q プロット，テコ比など）

① **データ点検**

単回帰分析では，説明変数を x 軸，目的変数を y 軸にとった散布図（図 4.1）を作成し，説明変数と目的変数の関係を把握する．また，外れ値や分布にクセは特に見られなかった．

また，相関係数は，0.886 と算出されたことから，説明変数と目的変数の間には強い関係があり，単回帰分析においては説明変数によって目的変数が多く説明できると見られる．

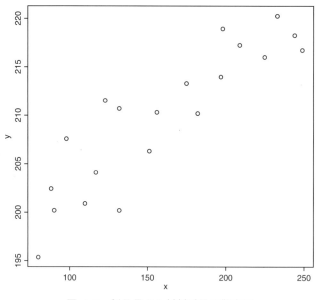

図 4.2　**製品長さと材料重量の散布図**

② **回帰分析**

目的変数 y に対して，説明変数 x を用いた 1 次式のモデル（式 (4.1)）において a と b の値を導出し，導出されたモデルを検定する．次の結果より，式 (4.2) の回帰モデルが得られたことが確認できる．

```
Coefficients:
(Intercept)                  x
   191.0784            0.1168
```

また，以下の結果と概要では「Multiple R-squared」で寄与率 0.7858 となっており，当てはまりのよいモデルが得られたといえる．ここで寄与率とは，回帰モデルによって説明できる程度を示す指標であり，1 に近いほど当てはまりが良いといえる．さらに，「F-statistic」で F_0 値が有意水準 0.001%においても有意となっていることから，回帰には意味があったといえる．

```
Residuals:
    Min      1Q  Median      3Q     Max
-6.3025 -2.2144 -0.4237  1.8037  6.0491

Coefficients:
            Estimate Std. Error t value  Pr (>|t|)
(Intercept) 191.07844    2.42058  78.939   < 2e-16 ***
```

```
x                0.11685    0.01438    8.125 0.000000196 ***
---
Signif. codes:  0 '***' 0.001 '**' 0.01 '*' 0.05 '.' 0.1 ' ' 1

Residual standard error: 3.468 on 18 degrees of freedom
Multiple R-squared:  0.7858,    Adjusted R-squared:  0.7739
F-statistic: 66.02 on 1 and 18 DF,  p-value: 0.0000001962
```

③　回帰診断

　Rにより打ち出される診断に用いるグラフ（基本的診断プロット）を図4.3に示す．左上の「Residuals vs Fitted」では，残差の並び方にクセがないかどうかを確認する．この残差に何らかの傾向が見られれば，残差に説明すべき情報が含まれていると見られることから，変数変換などを行って再度モデルの導出を試みることになる．右上の「Normal Q-Q」では，残差の正規性や外れ値を確認できる．左下の「Scale-Location」は，左上の図で残差がマイナスのものをプラスにしたものとなっており，残差の等分散性を確認できる．右下の「Residuals vs Leverage」では，テコ比とクックの距離が示されており，影響の大きい観測値を確認できる．

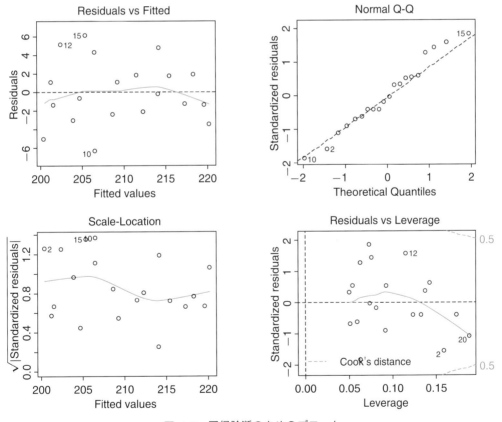

図 4.3　回帰診断のためのプロット

4.4　R による結果の出し方

4.4.1　R のコマンド

⓪　R へのデータ読み込みとデータの確認

```
> data4_1 <- read.csv("data4_1.csv")
# data4_1.csv を読み込み，「data4_1」と名付ける
> x <- data4_1$x
# data4_1 の x 列のデータを読み込み，「x」と名付ける
> y <- data4_1$y
# data4_1 の y 列のデータを読み込み，「y」と名付ける
> print(data4_1)
# data4_1 の全データを参照する
```

①　データ点検

```
> plot(x, y)
# x と y の散布図を描く（図 4.2）
> cor(x, y)
# x と y の相関係数を返す
```

②　回帰分析

　回帰分析を行うには **lm 関数**を用いる．**abline 関数**はグラフに直線を描画する関数で，ここでは回帰直線を引いている．

```
> regmodel4_1 <- lm(y~x)
# y を目的変数，x を説明変数とする単回帰分析を行い，「regmodel4_1」と名付ける
> regmodel4_1
# 傾きと切片を返す
> abline(regmodel4_1)
# x と y の散布図に，regmodel4_1 として導出された回帰直線を引く（図 4.1）
> summary(regmodel4_1)
# regmodel4_1 の要約として，傾きや切片に加え，t 値やその検定結果を返す
```

③　回帰診断

```
> par(mfrow=c(2, 2))
# 残差プロット描画にあたり，2 行 2 列でグラフを表示する
> plot(regmodel4_1)
# 残差プロットを描画する（図 4.3）
```

4.5 重回帰分析の概要

重回帰分析は，1つの目的変数に対して，複数の説明変数を用いて説明できるようにすることである．前節で説明した単回帰分析と同様の手順で進められるが，説明変数が複数ある点に留意し，変数選択や説明変数間の関係（多重共線性など）を考慮する必要がある．

重回帰分析では，1つの目的変数に対して，複数の説明変数を用いて説明するため，目的変数 y，説明変数 x_i $(i = 1, 2, \ldots, n)$ の間に，式 (4.3) が成り立つと仮定し，切片 a と偏回帰係数 b_i $(i = 1, 2, \ldots, n)$ を明らかにすることになる．

$$y = a + b_1 x_1 + b_2 x_2 + \cdots + b_i x_i + \cdots + b_n x_n \quad (i = 1, 2, \ldots, n) \tag{4.3}$$

多重共線性とは説明変数間の関係の強さを示すことから，相関行列やトレランスといった指標で把握される．データの点検で，説明変数間で相関係数の高いものがないか，あればどちらか一方を説明変数から外す，などの対応をとる．

4.6 例題

例題 4.2

製品の代表的な特性である製品長さについて，材料重量と滞留時間との関係を明らかにしたい．そこで，製造ラインにおいて，各変数のデータを収集して解析することにした．表 4.3 は，各ロットでの製品長さと製品重量のデータ 20 個である．単回帰分析で用いた表 4.1 のデータに対し，さらに説明変数として，滞留時間の情報が追加されたものである．

(1) データ点検を行え．
(2) 重回帰分析を行え．
(3) 回帰診断を行え．

表 4.3　重回帰分析のデータ

製品長さ y	材料重量 x_1	滞留時間 x_2
213.3	175	19.8
195.4	80	8.2
204.1	117	11.1
200.2	90	12.5
206.3	151	10.1
200.9	110	7.3
210.7	132	18.2
202.4	88	13.5
216.0	225	15.9
200.2	132	8.8
210.2	182	15.5
207.6	98	17.2
210.3	156	14.0
213.9	197	24.9
211.5	123	23.4
220.2	233	25.3
218.2	244	22.5
221.6	198	18.8
217.2	209	9.3
216.7	249	11.2

　分析の準備として，得られているデータは分析可能な形式になっている必要があるため，データ形式，ファイル形式を確認する．基本的には単回帰分析のときと同様である．

● **データ形式**

　表 4.3 のデータについて，列（縦方向）に変数ごとのデータ，行（横方向）に 1 回分（人ならば 1 名分，物ならば 1 個分）のデータが入力されていることを確認する．R や R コマンダーでは，1 行目が変数名，2 行目以降がデータとして認識される．このため，データ項目を 1 行にまとめる．

● **ファイル形式**

　Excel データ（ファイル拡張子が，「.xlsx」など）はそのままでは読み込めない．CSV（Comma Separated Values）形式になるよう変換する．変換方法は，Excel であれば「名前を付けて保存」の際にファイルの種類として「CSV(コンマ区切り) (*.csv)」を選択する．

4.7 結果と見方

4.7.1 解析結果

図 4.4 に示す目的変数と説明変数間の関係を示す散布図によって，目的変数 y と説明変数 x_1, x_2 の関係と，データセットの回帰直線への当てはまり具合が大まかに把握される．

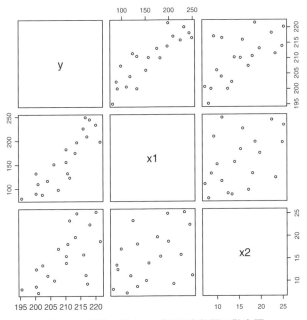

図 4.4 **目的変数および説明変数間の散布図**

また，重回帰分析により得られる回帰式は以下の通りである．

$$y = 187 + 0.0998x_1 + 0.440x_2 \tag{4.4}$$

4.7.2 結果と見方

① データ点検

相関行列を導出し，その結果を見ることで，変数間の関係が大まかに把握できる．

```
          y          x1         x2
y   1.0000000 0.8758417 0.6406448
x1  0.8758417 1.0000000 0.4134387
x2  0.6406448 0.4134387 1.0000000
```

ここまでで，目的変数 y と説明変数 x_1 には強い相関が，目的変数 y と説明変数 x_2 にはやや強い相関が見られる．他方，説明変数 x_1 と x_2 の間の相関係数は 0.4134 であり，相関は特に見られず，多重共線性はないと見なしてよい．

② 回帰分析

目的変数 y に対して，説明変数 x を用いた 1 次式のモデル（式 (4.3)）において b_1（$i = 1, 2$）の値を導出し，導出されたモデルを検定する．以下より，式 (4.4) の回帰モデルが得られたことが確認できる．

```
Coefficients:
(Intercept)                x1              x2
  187.15868          0.09982         0.44029
```

以下では「Multiple R-squared」で寄与率が 0.8607，「Adjusted R-squared」で自由度調整済寄与率が 0.8443 となっている．寄与率は説明変数が多いほど大きくなる性質を持っていることから，重回帰分析での当てはまりの良さを見るには自由度調整済寄与率を用いる．また，「F-statistic」で F_0 値が有意水準 0.001% においても有意となっていることから，回帰には意味があったといえる．

```
Call:
lm(formula = y ~ x1 + x2)

Residuals:
    Min      1Q  Median      3Q     Max
-4.0099 -1.5726 -0.3125  1.4937  6.3988

Coefficients:
            Estimate Std. Error t value   Pr(>|t|)
(Intercept) 187.15868    2.34622  79.770    < 2e-16 ***
x1            0.09982    0.01347   7.412 0.00000102 ***
x2            0.44029    0.13030   3.379    0.00357 **
---
Signif. codes:  0 '***' 0.001 '**' 0.01 '*' 0.05 '.' 0.1 ' ' 1

Residual standard error: 2.957 on 17 degrees of freedom
Multiple R-squared:  0.8607,    Adjusted R-squared:  0.8443
F-statistic: 52.51 on 2 and 17 DF,  p-value: 0.00000005299
```

ここで，複数の説明変数を扱う重回帰分析であることから，回帰モデルに一部の説明変数を取り入れないという選択肢もありうる．このため，x_1，x_2 について，変数を 1 つずつ除外した場合の分析を行う．以下では，除外しなかった場合（式 (4.4) と同様），x_2 のみ除外した場合，x_1 のみ除外した場合の AIC（赤池情報量規準）が示されている．AIC の値が小さいほどモデルの当てはまりが良いとされることから，いずれの変数も除外しない場合の回帰モデルが良いということがわかる．

```
Start:  AIC=46.12
y ~ x1 + x2

       Df Sum of Sq    RSS    AIC
<none>              148.67 46.121
- x2    1     99.86 248.54 54.397
- x1    1    480.48 629.15 72.973
```

```
Call:
lm(formula = y ~ x1 + x2)

Coefficients:
(Intercept)              x1              x2
  187.15868         0.09982         0.44029
```

③　回帰診断

　Rにより打ち出される診断に用いるグラフ（基本的診断プロット）を図4.5に示す．単回帰分析のときと同様に解釈する．左上の「Residuals vs Fitted」では，残差の並び方にクセがないかどうかを確認する．右上の「Normal Q-Q」では，残差の正規性や外れ値を確認できる．左下の「Scale-Location」は，左上の図で残差がマイナスのものをプラスにしたものとなっており，残差の等分散性を確認できる．右下の「Residuals vs Leverage」では，テコ比とクックの距離が示されており，影響の大きい観測値を確認できる．全体をとおして，No.18とNo.19が他のデータと異なる傾向を示すことから，データ取得状況などを想定し，外れ値として除外すべきかどうかは検討する必要がある．

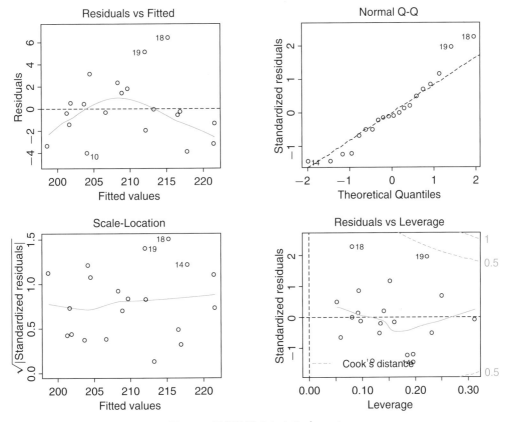

図 4.5　回帰診断のためのプロット

4.8　Rによる結果の出し方

⓪　Rへのデータ読み込みとデータの確認

```
> data4_2 <- read.csv("data4_2.csv")
# data4_2.csv を読み込み，「data4_2」と名付ける
> y  <- data4_2$y
> x1 <- data4_2$x1
> x2 <- data4_2$x2
# data4_2 の y, x1, x2 列のデータを読み込み，それぞれ「y」「x1」「x2」と名付ける
> print(data4_2)
# data4_2 の全データを参照する
```

①　データ点検

```
> plot(data4_2)
# x と y の散布図を描く（図 4.4）
> cor(data4_2)
# data4_2 の相関行列を返す
```

②　回帰分析

回帰分析を行うには **lm** 関数を用いる．**step** 関数は変数選択をした分析結果と AIC を表示する．

```
> regmodel4_2 <- lm(y~x1+x2)
# y を目的変数，x1, x2 を説明変数とする重回帰分析を行い，「regmodel4_2」と名付ける
> regmodel4_2
# regmodel4_2 として，傾きと切片を返す
> summary(regmodel4_2)
# regmodel4_2 の要約として，傾きや切片に加え，t 値やその検定結果を返す
> step(regmodel4_2)
# regmodel4_2 の変数選択をした分析結果と AIC を返す（図 4.5）
```

③　回帰診断

```
> par(mfrow=c(2, 2))
# regmodel4_2 の残差プロット描画にあたり，2 行 2 列でグラフを表示する
> plot(regmodel4_2)
# regmodel4_2 の残差プロットを描画する（図 4.5）
```

練習問題

4.1　次のデータ表はある中学校の生徒 20 人の国語と英語の実力テストの結果である．国語の点数を使って，英語の点数を予測する回帰式を作りたい．

表 4.4　データ表

番号	国語	英語	クラス
1	18	39	1
2	33	50	1
3	46	55	1
4	25	49	1
5	46	57	1
6	19	47	1
7	33	50	1
8	35	47	1
9	45	54	1
10	44	50	1
11	41	55	1
12	37	58	1
13	29	62	2
14	43	61	2
15	41	62	2
16	45	65	2
17	50	73	2
18	50	69	2
19	55	71	2
20	66	73	2

(1)　クラスの違いを無視して，$n = 20$ で，目的変数を英語，説明変数を国語とする単回帰分析を実施せよ．

(2)　クラス別に，目的変数を英語，説明変数を国語とする単回帰分析を実施せよ．

4.2 次のデータ表はある大学における入学前教育の5科目（国語，英語，数学，理科，社会）の
試験の点数と，入学後の学業成績を示すGPAと呼ばれる指標である．学生25人について記録
されている．5科目の試験の点数で，GPAの値を予測する回帰式を作りたい．

表 4.5 データ表

番号	国語	英語	数学	理科	社会	GPA
1	52	70	28	61	52	1.28
2	34	50	46	25	51	2.25
3	44	40	11	42	37	1.17
4	53	32	43	53	26	2.81
5	30	28	49	29	43	2.03
6	68	53	42	33	50	3.54
7	18	50	37	62	26	0.67
8	49	51	36	51	31	2.40
9	71	74	70	53	44	3.67
10	34	61	26	59	52	2.00
11	62	69	47	62	60	2.90
12	93	86	51	63	59	4.54
13	46	65	68	68	53	3.32
14	50	70	45	60	36	3.09
15	46	38	33	19	47	2.05
16	46	71	41	47	66	2.64
17	79	86	50	55	68	3.38
18	33	35	23	44	86	0.11
19	46	70	49	70	34	2.30
20	78	73	46	56	57	2.82
21	39	48	25	43	33	1.79
22	31	34	25	44	41	0.61
23	17	18	36	19	41	1.97
24	31	54	66	37	64	1.65
25	54	60	46	37	40	3.35

　このデータ表に対して，目的変数をGPA，説明変数を5科目の試験の点数とする重回帰分析
を実施せよ．

4.3 製品の代表的な特性である製品長さについて，材料重量，滞留時間，環境温度，加工機器（2 種類）との関係を明らかにしたい．そこで，製造ラインにおいて，各変数のデータを収集して解析することにした．表 4.4 は，各ロットでの製品長さと製品重量のデータ 20 個である．

表 4.6　重回帰分析のデータ

製品長さ y	材料重量 x_1	滞留時間 x_2	環境温度 x_3	加工機械 x_4
213.3	175	19.8	22.2	1
195.4	80	8.2	23.4	1
204.1	117	11.1	19.1	1
200.2	90	12.5	29.2	0
206.3	151	10.1	20.2	1
200.9	110	7.3	13.4	1
210.7	132	18.2	9.8	0
202.4	88	13.5	20.2	1
216.0	225	15.9	18.2	1
200.2	132	8.8	11.1	1
210.2	182	15.5	22.0	0
207.6	98	17.2	10.1	1
210.3	156	14.0	27.2	0
213.9	197	24.9	7.9	0
211.5	123	23.4	13.1	0
220.2	233	25.3	28.2	0
218.2	244	22.5	13.1	1
221.6	198	18.8	10.0	0
217.2	209	9.3	17.8	0
216.7	249	11.2	25.2	0

1 = 機械 A，0 = 機械 B

このデータ表に対して，目的変数を製品長さ，説明変数を材料重量，滞留時間，環境温度，加工機械とする重回帰分析を実施せよ．

第5章 ロジスティック回帰分析

5.1 ロジスティック回帰分析の概要

5.1.1 ロジスティック回帰分析とは

第4章で紹介した回帰分析を実施するには，目的変数が数量で測定されるデータでなければいけない．言い方を変えれば，目的変数が数量データであるときに適用できる手法が回帰分析である．では，目的変数が数量データではなく，ある事象が起きたか起きないか，ある商品を買うか買わないかというカテゴリデータのときには，どのような手法を適用できるだろうか．このときに使われる手法が**ロジスティック回帰分析**と呼ばれる手法である．

ロジスティック回帰分析には，起きたか起きないかというように，カテゴリの数が2つのときに適用される2項ロジスティック回帰と，カテゴリの数が3つ以上のときに適用される多項ロジスティック回帰がある．本書では2項ロジスティック回帰をとりあげることにする．以降，ロジスティック回帰と称した場合は2項ロジスティック回帰を指すものとする．

5.1.2 ロジスティック回帰分析の形式

ロジスティック回帰は目的変数が2種類の値しかとらない2値データのときに適用できる手法である．製造品の例でいえば，製品の品質が良品か不良品かで示される場合であり，アンケート調査の例でいえば，ある意見に賛成か反対かで示されるような場合である．

いま，2種類の事象のうち，一方が起きる確率をpとする．前述の例でいえば，不良品の発生する確率をpとする．そして，このpを予測するために使う説明変数をxとするとき，pと説明変数xの関係を数式で表現することがロジスティック回帰の目的になる．

ロジスティック回帰では，確率pと説明変数xの間に，次のような関係を想定する．

$$p = \frac{1}{1 + e^{\{-(b_0 + b_1 x)\}}} = \frac{1}{1 + \exp\{-(b_0 + b_1 x)\}}$$

これは，

$$\ln\left(\frac{p}{1-p}\right) = b_0 + b_1 x$$

という回帰式を求めることと同じである．

ここで，pに対して，

$$\ln\left(\frac{p}{1-p}\right)$$

なる変換を施すことを**ロジット変換**と呼んでいる．また，

$$\frac{p}{1-p}$$

を**オッズ**と呼んでいる．

5.2　例題

例題 5.1

　次のデータ表は，あるプラスチック加工品の完成時における品質と，製造工程における熱処理時間（単位：秒）を 20 個の製品について記録したものである．品質については，良品を 0，不良品を 1 としている．

表 5.1　データ表

熱処理時間 x	品質 y
25.5	0
40.7	0
10.2	0
17.2	0
20.7	0
15.9	0
29.3	0
18.1	0
19.6	0
26.6	0
40.9	1
46.8	1
39.6	1
32.3	1
48.8	1
58.0	1
50.9	1
46.9	1
24.5	1
29.4	1

　不良品の発生する確率を p，説明変数を x として，次のような関係を想定する．

$$p = \frac{1}{1 + e^{\{-(b_0 + b_1 x)\}}} = \frac{1}{1 + \exp\{-(b_0 + b_1 x)\}}$$

このデータにロジスティック回帰を適用して，b_0 と b_1 の値を求めよ．

例題 5.2

次のデータ表は，脂肪肝の有無（y）と4つの血液検査の項目（x_1，x_2，x_3，x_4）について，24人の成人を対象に調べた結果を一覧表にしたものである．脂肪肝の有無については，画像診断を実施した結果，脂肪肝なしと判断された場合を0，脂肪肝ありと判断された場合を1としている．

表 5.2 データ表

x_1	x_2	x_3	x_4	y
162	59	51	96	0
143	49	44	83	0
163	63	55	99	0
150	54	41	81	0
153	50	30	66	0
160	49	37	73	0
160	55	35	73	0
168	57	46	83	0
150	54	41	81	0
142	55	34	78	0
164	49	32	81	0
144	57	35	78	0
162	58	57	85	1
175	66	57	94	1
168	52	32	81	1
185	69	66	96	1
171	56	44	81	1
166	60	67	85	1
154	56	39	62	1
169	65	41	96	1
187	58	43	91	1
165	58	29	76	1
156	55	45	81	1
183	56	41	92	1

脂肪肝ありとなる確率をp，説明変数をx_1，x_2，x_3，x_4として，ロジスティック回帰を適用せよ．

5.3 結果と見方

5.3.1 例題5.1の結果と見方

■ 回帰係数

```
Coefficients:
            Estimate Std. Error z value Pr(>|z|)
(Intercept) -6.03714    2.49894  -2.416   0.0157 *
x            0.19413    0.08059   2.409   0.0160 *
---
Signif. codes:  0 '***' 0.001 '**' 0.01 '*' 0.05 '.' 0.1 ' ' 1
```

$$b_0 = -6.03714, \quad b_1 = 0.19413$$

と求められる．これは不良品が発生する確率 p と熱処理時間 x の関係が次のような式で表せること
を意味している．

$$\ln\left(\frac{p}{1-p}\right) = -6.03714 + 0.19413x$$

また，熱処理時間 x の P 値（$\Pr(>|z|)$ の値）を見ると，0.0160 となっており，0.05 より小さく，
有意であることがわかる．このことから，熱処理時間は不良の発生に関係しているという結論を導
くことができる．

5.3.2 例題5.2の結果と見方

■ 回帰係数

```
Coefficients:
            Estimate Std. Error z value Pr(>|z|)
(Intercept) -43.44899   18.80505  -2.310   0.0209 *
x1            0.24939    0.12231   2.039   0.0414 *
x2            0.30771    0.21247   1.448   0.1475
x3            0.05457    0.09047   0.603   0.5464
x4           -0.20359    0.10930  -1.863   0.0625 .
---
Signif. codes:  0 '***' 0.001 '**' 0.01 '*' 0.05 '.' 0.1 ' ' 1
```

$$b_0 = -43.44899, \quad b_1 = 0.24939, \quad b_2 = 0.30771, \quad b_3 = 0.05457, \quad b_4 = -0.20359$$

と求められる．これは脂肪肝がある確率 p と4つの血液検査の項目（x_1, x_2, x_3, x_4）の関係が次
のような式で表せることを意味している．

$$\ln\left(\frac{p}{1-p}\right) = -43.44899 + 0.24939x_1 + 0.30771x_2 + 0.05457x_3 - 0.20359x_4$$

また，血液検査の項目 x_1 の p 値（$\Pr(>|z|)$ の値）を見ると，0.0414 となっており，0.05 より小さ
く，有意であることがわかる．

5.4 Rによる結果の出し方

5.4.1 例題5.1のデータの入力

```
> x <- c(25.5, 40.7, 10.2, 17.2, 20.7, 15.9, 29.3, 18.1, 19.6, 26.6, 40.9, 46.8,
+ 39.6, 32.3, 48.8, 58.0, 50.9, 46.9, 24.5, 29.4)
> y <- c(0, 0, 0, 0, 0, 0, 0, 0, 0, 0, 1, 1, 1, 1, 1, 1, 1, 1, 1, 1)
> datay <- data.frame(x, y)
```

5.4.2 例題5.1のコマンド

ロジスティック回帰分析を行うには，**glm**関数を用いる．

```
> result <- glm(y~., binomial, datay)
# ロジスティック回帰を実施して，その結果を result とする
> summary(result)
```

5.4.3 例題5.2のデータの入力

```
> x1 <- c(162, 143, 163, 150, 153, 160, 160, 168, 150, 142, 164, 144, 162, 175,
+ 168, 185, 171, 166, 154, 169, 187, 165, 156, 183)
> x2 <- c(59, 49, 63, 54, 50, 49, 55, 57, 54, 55, 49, 57, 58, 66, 52, 69, 56, 60,
+ 56, 65, 58, 58, 55, 56)
> x3 <- c(51, 44, 55, 41, 30, 37, 35, 46, 41, 34, 32, 35, 57, 57, 32, 66, 44, 67,
+ 39, 41, 43, 29, 45, 41)
> x4 <- c(96, 83, 99, 81, 66, 73, 73, 83, 81, 78, 81, 78, 85, 94, 81, 96, 81, 85,
+ 62, 96, 91, 76, 81, 92)
> y <- c(0, 0, 0, 0, 0, 0, 0, 0, 0, 0, 0, 0, 1, 1, 1, 1, 1, 1, 1, 1, 1, 1, 1, 1)
> dataset <- data.frame(x1, x2, x3, x4, y)
```

5.4.4 例題5.2のコマンド

```
> result <- glm(y~., binomial, dataset)
# ロジスティック回帰を実施して，その結果を result とする
> summary(result)
```

5.5 オッズ比の算出と変数選択

5.5.1 例題 5.2 におけるオッズ比の算出

ロジスティック回帰分析を実施すると，回帰式の他に回帰係数から**オッズ比**を算出することができる．オッズ比とは説明変数の値が 1 単位あたり増加したときに，注目している事象（例題 5.2 では脂肪肝あり）が生じる可能性が何倍に増えるかを意味している．オッズ比は回帰係数から，次のように求めることができる．

$$\text{オッズ比} = \exp(\text{回帰係数})$$

以下に，R を用いてオッズ比とオッズ比の 95%信頼区間を求めてみよう．

■ オッズ比を求めるための R のコマンド

exp 関数は指数関数の値を返す関数，**cbind 関数**は列を追加する関数である．

```
> result2 <- summary(result)
> coe <- result2$coefficient
> OR <- exp(coe[,1])
> OR1 <- exp(coe[,1]-1.96*coe[,2])
> OR2 <- exp(coe[,1]+1.96*coe[,2])
> result3 <- cbind(OR, OR1, OR2)
> result3
```

■ 結果

```
                  OR            OR1           OR2
(Intercept) 1.350035e-19 1.327892e-35 0.001372548
x1          1.283244e+00 1.009711e+00 1.630876718
x2          1.360313e+00 8.969718e-01 2.062997506
x3          1.056083e+00 8.844815e-01 1.260976785
x4          8.157943e-01 6.584847e-01 1.010684560
```

OR はオッズ比，OR1 はオッズ比の 95%信頼下限，OR2 は信頼上限を意味している．オッズ比が 1 より大きいときは，その変数の値が大きくなると，注目している事象が起きやすくなることを意味していて，オッズ比が 1 より小さいときには，その変数の値が大きくなると，注目している事象が起きにくくなることを意味している．

5.5.2 例題 5.2 における説明変数の選択

2 つ以上の説明変数があるときには，重回帰分析と同様にロジスティック回帰でも目的変数に影響を与えている説明変数だけで回帰式を構築したいという課題が生じる．このようなときに行うのが説明変数の選択である．このためには，2 つの方法がよく使われる．それは説明変数の重要度を 1 つずつ検証しながら取捨選択する**ステップワイズ法**と呼ばれる方法と，説明変数の組合せを何通りか試して，その中で最も適した説明変数の組合せを見つける**サブセット法**と呼ばれる方法である．以下に，R でステップワイズ法とサブセット法を実施してみよう．なお，ステップワイズ法では AIC

と呼ばれる回帰式の良さを評価するための基準が用いられ，サブセット法では BIC と呼ばれる基準が用いられる．どちらも，その値が小さいほど良い回帰式であると判断される．AIC は Akaike's Information Criterion（赤池情報量規準）の頭文字，BIC は Bayesian Information Criterion（ベイズ情報量規準）の頭文字である．

■　ステップワイズ法による変数選択のための R のコマンド

```
> stepreg <- step(result)
> summary(stepreg)
```

■　結果

```
Coefficients:
            Estimate Std. Error z value Pr(>|z|)
(Intercept) -43.36983   18.02876  -2.406   0.0161 *
x1            0.23441    0.11082   2.115   0.0344 *
x2            0.35882    0.20614   1.741   0.0817 .
x4           -0.18141    0.09922  -1.828   0.0675 .
---
Signif. codes:  0 '***' 0.001 '**' 0.01 '*' 0.05 '.' 0.1 ' ' 1

(Dispersion parameter for binomial family taken to be 1)

    Null deviance: 33.271  on 23  degrees of freedom
Residual deviance: 16.043  on 20  degrees of freedom
AIC: 24.043
```

x_3 が除かれていることがわかる．これから，x_1，x_2，x_4 を使った回帰式が最適であると判断されたことになる．

■　サブセット法による変数選択のための R のコマンド

```
> install.packages("bestglm")
> library(bestglm)
> result4 <- bestglm(dataset, family=binomial)
```

■　結果

```
   Intercept    x1    x2    x3    x4 logLikelihood      BIC
0       TRUE FALSE FALSE FALSE FALSE    -16.635532 33.27106
1*      TRUE  TRUE FALSE FALSE FALSE    -10.731240 24.64053
2       TRUE  TRUE FALSE FALSE  TRUE    -10.115192 26.58649
3       TRUE  TRUE  TRUE FALSE  TRUE     -8.021460 25.57708
4       TRUE  TRUE  TRUE  TRUE  TRUE     -7.828201 28.36862
```

　説明変数が 1 つだけ，2 つだけ，3 つだけ，4 つだけ（すべて選択）のそれぞれのときの最適な説明変数の組合せが求められていて，それらの中でも x_1 だけを使った回帰式（x_1 の列に TRUE と表示されている）が最適であると示されている．なお，Intercept（定数項）は常に TRUE となる．

練習問題

5.1 次のデータ表について，x_1，x_2，x_3，x_4 の中の 1 つだけ説明変数にとりあげて，y を目的変数とするロジスティック回帰分析を説明変数ごとに実施せよ．

表 5.3 データ表

x_1	x_2	x_3	x_4	y
14	98	52	61	0
42	104	51	69	0
17	98	51	67	0
27	104	63	77	0
19	99	60	61	0
25	100	58	64	0
33	99	61	66	0
8	93	56	67	0
41	107	98	71	0
37	102	73	73	0
53	113	76	83	1
21	108	65	90	1
33	104	82	80	1
42	104	78	76	1
49	107	82	77	1
33	112	76	72	1
22	106	73	72	1
26	111	63	87	1
44	110	59	83	1
33	112	76	72	1

5.2 問題 5.1 のデータ表において，x_1，x_2，x_3，x_4 のすべてを説明変数にとりあげて，y を目的変数とするロジスティック回帰を実施せよ．また，ステップワイズ法による変数選択も併せて実施せよ．

第6章 クラスター分析

6.1 階層的クラスタリングの概要

クラスター分析とは，サンプル間の距離を定義して距離の近さによってサンプルを分類する方法である．クラスター分析は，クラスター間の階層構造をデンドログラムと呼ばれるグラフによって視覚的に表現する階層的方法（**階層的クラスタリング**）と，階層構造を示さない非階層的方法（**非階層的クラスタリング**）に分けられる．

6.2 例題

例題 6.1

表6.1に示す16種類の動物と16の属性の観点から階層的方法により，どの動物が似ていてどの動物が似ていないかクラスター分析により視覚化せよ．

表 6.1 動物とその属性データ

動物名	小さい	中くらい	大きい	夜行性	2本足	4本足	髪を持つ	有蹄類	たてがみ	羽根あり	縞あり	狩猟	走る	飛ぶ	泳ぐ	草食性
ハト	1	0	0	0.0	1	0	0	0	0	1	0.0	0	0	1	0	0.5
メンドリ	1	0	0	0.0	1	0	0	0	0	1	0.0	0	0	0	0	0.5
カモ	1	0	0	0.0	1	0	0	0	0	1	0.3	0	0	1	1	0.5
ガチョウ	1	0	0	0.0	1	0	0	0	0	1	0.0	0	0	1	1	0.5
フクロウ	1	0	0	1.0	1	0	0	0	0	1	0.0	1	0	1	0	0.0
タカ	1	0	0	0.0	1	0	0	0	0	1	0.0	1	0	1	0	0.0
ワシ	0	1	0	0.0	1	0	0	0	0	1	0.0	1	0	1	0	0.0
キツネ	0	1	0	0.5	0	1	1	0	0	0	0.0	1	0	0	0	0.0
イヌ	0	1	0	0.0	0	1	1	0	0	0	0.0	0	1	0	0	0.0
オオカミ	0	1	0	1.0	0	1	1	0	1	0	0.0	1	1	0	0	0.0
ネコ	1	0	0	0.5	0	1	1	0	0	0	0.0	1	0	0	0	0.0
トラ	0	0	1	0.5	0	1	1	0	0	0	1.0	1	1	0	0	0.0
ライオン	0	0	1	0.0	0	1	1	0	1	0	0.0	1	1	0	0	0.0
ウマ	0	0	1	0.0	0	1	1	1	1	0	0.0	0	1	0	0	1.0
シマウマ	0	0	1	0.0	0	1	1	1	1	0	1.0	0	1	0	0	1.0
ウシ	0	0	1	0.0	0	1	1	1	0	0	0.0	0	0	0	0	1.0

出典：徳高他「自己組織化マップとその応用」

6.3 結果と見方

動物とその属性データに，階層的クラスタリングを適用したデンドログラムを図 6.1 に示す．

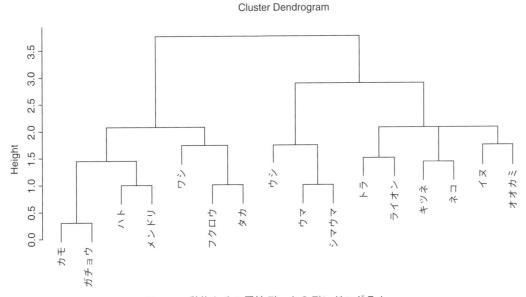

図 6.1 動物とその属性データのデンドログラム

図のデンドログラムは，カモとガチョウが最初にクラスターを形成し，次にハトとメンドリ，フクロウとタカ，ウマとシマウマがクラスターを形成し，逐次，クラスターが結合していく様子を表している．

6.4 Rによる結果の出し方

6.4.1 サンプル間距離の計算

Rで階層的クラスタリングを実行するためには，まずすべてのサンプル間の距離を計算する必要がある．Rにはサンプル間の距離を計算する **dist** 関数があり，データが格納されているデータフレームを dist 関数に渡すとすべてのサンプル間の距離行列を返す．dist 関数の引数 method に表6.2 の距離を指定すると，指定した距離で計算した距離行列を返す．method 引数を指定しなかった場合，euclidean（ユークリッド距離）が計算される．

表 6.2　**dist** 関数が計算する距離一覧

method	距離	計算式
euclidean	ユークリッド距離	$d(\boldsymbol{x}, \boldsymbol{y}) = \left(\sum_{i=1}^{n} (x_i - y_i)^2 \right)^{\frac{1}{2}}$
manhattan	マンハッタン距離	$d(\boldsymbol{x}, \boldsymbol{y}) = \sum_{i=1}^{n} |x_i - y_i|$
minkowski	ミンコフスキー距離	$d(\boldsymbol{x}, \boldsymbol{y}) = \left(\sum_{i=1}^{n} |x_i - y_i|^p \right)^{\frac{1}{p}}$
canberra	キャンベラ距離	$d(\boldsymbol{x}, \boldsymbol{y}) = \sum_{i=1}^{n} \dfrac{|x_i - y_i|}{|x_i| + |y_i|}$
binary	バイナリー距離	$d(\boldsymbol{x}, \boldsymbol{y}) = \dfrac{\sum_{i=1}^{n} I(x_i \neq y_i)}{n}$, $x_i, y_i \in \{0, 1\}$ I は (·) が真ならば 1，偽ならば 0 を返す
maximum	最長距離	$d(\boldsymbol{x}, \boldsymbol{y}) = \max_i |x_i - y_i|$

実際に動物データを **read.csv** 関数で読み込み，dist 関数で距離行列を計算すると以下の距離行列 dist.animal が計算される．

```
          ハト メンドリ カモ ガチョウ フクロウ タカ ワシ キツネ イヌ オオカミ ネコ トラ ライオン ウマ シマウマ
メンドリ   1.00
カモ       1.04  1.45
ガチョウ   1.00  1.41  0.30
フクロウ   1.50  1.80  1.83  1.80
タカ       1.12  1.50  1.53  1.50  1.00
ワシ       1.80  2.06  2.08  2.06  1.73  1.41
キツネ     2.92  2.74  3.10  3.08  2.69  2.69  2.29
イヌ       2.87  2.69  3.06  3.04  3.16  3.00  2.65  1.50
オオカミ   3.35  3.20  3.51  3.50  3.00  3.16  2.83  1.50  1.73
ネコ       2.55  2.35  2.75  2.74  2.29  2.29  2.69  1.41  2.06  2.06
トラ       3.24  3.08  3.32  3.39  3.04  3.04  3.04  2.00  2.06  2.06  2.00
ライオン   3.20  3.04  3.37  3.35  3.16  3.00  3.00  2.06  2.00  1.73  2.06  1.50
ウマ       3.20  3.04  3.37  3.35  3.61  3.46  3.46  2.69  2.24  2.45  2.69  2.29  1.73
シマウマ   3.35  3.20  3.43  3.50  3.74  3.61  3.61  2.87  2.45  2.65  2.87  2.06  2.00  1.00
ウシ       2.87  2.69  3.06  3.04  3.32  3.16  3.16  2.29  2.24  2.83  2.29  2.29  2.24  1.41  1.73
```

read.csv 関数の引数 row.names で，読み込む csv ファイルのうち，行見出しに設定する列番号を指定できる．ここでは，1 列目の動物名を行見出しにしたいので，row.names = 1 とする．ここでは，method 引数を指定していないので，デフォルトのユークリッド距離が計算されている．距離行列は対称行列なので，上三角部分が省略されている．また，対角要素である同一サンプル間の距離は 0 である．

6.4.2　hclust 関数による階層的クラスタリングの実施

最短距離にあるサンプルが結合しクラスターを形成すると，クラスターとクラスターの間の距離が計算され，最短距離にあるクラスターが逐次結合される．最終的にクラスター数が 1 つになれば，階層的クラスタリングのアルゴリズムが終了する．

R の **hclust 関数**へサンプル間の距離行列を渡すことによって，階層的クラスタリングが実行されるが，method 引数によってクラスター間距離の計算方法を指定できる．表 6.3 に hclust 関数の method 引数で指定するクラスター間距離の一覧を示す．method 引数を指定しなかった場合，complete（最遠隣法）によって距離が計算される．

表 6.3　hclust 関数の **method** 引数で指定するクラスター間距離の一覧

method	距離	概要
single	最近隣法	2 つのクラスターに所属するサンプル間の距離のうち，最短のサンプル間距離をクラスター間距離とする方法
complete	最遠隣法	2 つのクラスターに所属するサンプル間の距離のうち，最長のサンプル間距離をクラスター間距離とする方法
average	群平均法	2 つのクラスターに所属するサンプル間の距離の平均をクラスター間距離とする方法
centroid	重心法	クラスター重心（平均）間の距離をクラスター間距離とする方法．クラスターを統合して新たなクラスターを作成する際は，統合前の平均に対して，サンプル数を重みとした重み付き平均を計算する．
median	メディアン法	重心法ではサンプル数を重みとしてクラスター重心の更新を行ったが，重みは使わず，単純に平均を統合後の重心とする方法
ward.D2	ウォード法	クラスター内における重心までの距離の平方和を計算したときに統合前の 2 つのクラスター A, B の平方和の合計と統合後のクラスター C の平方和の差分をクラスター A とクラスター B の距離とする方法
mcquitty	McQuitty 法	2 つのクラスター A, B を併合したクラスター C があるときにクラスター D との距離をクラスター A, D 間の距離とクラスター B, D 間の距離の平均値より算出する方法

以下に，動物のデータに対して階層的クラスタリングを実行するコマンドを示す．ここでは hclust 関数の method 引数を指定していないので，デフォルトの最遠隣法を用いている．hclust 関数の実行結果のオブジェクトを plot 関数に渡すと，図 6.1 のデンドログラムが作成される．

```
> hclust.animal <- hclust(dist.animal)
> plot(hclust.animal)
```

6.4.3　cutree 関数によるサンプルの分類

個々のサンプルを分類したい場合は，**cutree** 関数を用いる．cutree には，デンドログラムの高さを表す引数 h によって分類する方法とクラスター数の引数 k によって分類する方法がある．デンドログラムの高さとは図 6.1 左側の Height の目盛りであり，たとえば図 6.1 のデンドログラムを高さ 2.2 で切断すると結果として 3 つのクラスターに分類される．同一のクラスター番号が付いている動物は，同じクラスターに所属することを意味する．

```
> cutree(hclust.animal, h=2.2)
```

ハト	メンドリ	カモ	ガチョウ	フクロウ	タカ	ワシ	キツネ
1	1	1	1	1	1	1	2
イヌ	オオカミ	ネコ	トラ	ライオン	ウマ	シマウマ	ウシ
2	2	2	2	2	3	3	3

あらかじめ分類したいクラスター数が決まっている場合は，引数 k を指定する．

```
> cutree(hclust.animal, k=3)
```

先の h = 2.2 とした場合と同様に，3 つのクラスターに分類した結果が得られることがわかる．

6.5 k平均法の概要

代表的な非階層的クラスタリング手法として，**k平均法**がある．k平均法は，以下に示すように，あらかじめ指定したクラスター数 k の代表点に対して n 個のデータ（サンプル）を最も近い代表点（ベクトル）に割り当て，割り当て後に代表点に所属するデータの重心として代表点の更新を繰り返す手法である．

---
k 平均法の手順

入力：データ，$\{\boldsymbol{x}_1, \boldsymbol{x}_2, \ldots, \boldsymbol{x}_n\}$，クラスター数 k

出力：代表ベクトル $\boldsymbol{c}_1, \boldsymbol{c}_2, \ldots, \boldsymbol{c}_k$，各個体の所属クラスター

1. 個体の中から k 個の代表ベクトル $\boldsymbol{c}_1, \boldsymbol{c}_2, \ldots, \boldsymbol{c}_k$ を適当に選び，初期値とする．
2. 代表ベクトルが収束するまで次の a, b を繰り返す．
   a. 個体 x_i から最も近い代表ベクトルが $\boldsymbol{c}_l$ なら x_i をクラスター l に割り当てる．同様にすべての個体を代表ベクトルまでの距離によって，k 個のクラスターに割り当てる．
   b. 各クラスターに含まれる個体の重心点を新たな代表ベクトルとする．

---

k 平均法は，次式の評価関数を最小化していることになり，

$$L(\boldsymbol{c}_1, \boldsymbol{c}_2, \ldots, \boldsymbol{c}_k) = \sum_{i=1}^{n} \min_{l=1,\ldots,k} ||\boldsymbol{x}_i - \boldsymbol{c}_l||^2 \tag{6.1}$$

L の値が小さければ，良いクラスタリング結果であることを意味する．

6.6　例題

例題 6.2

次に例題データとして，アヤメ（iris）のデータを紹介する．アヤメのデータは setosa, versicolor, virginica の 3 種類があり，がく片の長さ（Sepal.Lenght），がく片の幅（Sepal.Width），花びらの長さ（Petal.Length），花びらの幅（Petal.Width）の 4 つの変数について，150 のサンプルを計測したデータである．表 6.4 は 150 のサンプルのうちの最初の 10 サンプルである．

Species 以外の 4 変数を用いて k 平均法によりアヤメのデータを分類し，分類結果と本当のアヤメの種類（Species）をクロス集計せよ．

表 6.4　アヤメのデータ（一部抜粋）

Sepal.Length	Sepal.Width	Petal.Length	Petal.Width	Species
5.1	3.5	1.4	0.2	setosa
4.9	3.0	1.4	0.2	setosa
4.7	3.2	1.3	0.2	setosa
4.6	3.1	1.5	0.2	setosa
5.0	3.6	1.4	0.2	setosa
5.4	3.9	1.7	0.4	setosa
4.6	3.4	1.4	0.3	setosa
5.0	3.4	1.5	0.2	setosa
4.4	2.9	1.4	0.2	setosa
4.9	3.1	1.5	0.1	setosa
⋮	⋮	⋮	⋮	⋮

アヤメのデータは R に標準で付属しており，R のコンソール上で以下のように入力すると利用できる．

```
> iris
```

6.7 結果と見方

k 平均法は，階層的クラスタリングにおけるデンドログラムのようにクラスター間の相対的な関係を視覚的に表現するわけではないが，以下のような**混同行列**として分類結果を表として表すことができる．混同行列は，行に分類結果，列に正しいカテゴリを配置した度数表である．

```
  setosa versicolor virginica
1      0          2        36
2      0         48        14
3     50          0         0
```

混同行列を見ると，クラスター 1 には virginica の 36 サンプルが分類されていることから，クラスター 1 は virginica に相当するクラスターであるといえる．クラスター 2 には versicolor の 48 サンプルと virginica の 14 サンプルが存在することからから，クラスター 2 は versicolor に相当するクラスターだといえるであろう．クラスター 3 は，すべてのサンプルが setosa であることから，setosa に相当するクラスターだといえる．

6.8 Rによる結果の出し方

6.8.1 kmeans 関数による k 平均法の実施

アヤメのデータは Species（アヤメの種類）が与えられているデータであるが，Species 以外の変数を利用して k 平均法を行い，Species 変数を利用して答え合わせをすることにする．R には k 平均法を実行するための **kmeans 関数**がある．分析対象のデータフレームと centers 引数でクラスター数を指定するが，ここでは，centers = 3 とする．また，iris データの 5 列目は，アヤメの種類（Species）なので，5 列目は除いている．

```
> iris.kmeans <- kmeans(iris[,-5], centers=3)
```

k 平均法には最初に代表ベクトルとして選ぶサンプルに分類結果が影響を受けるという問題があるが，kmeans 関数の引数 nstart で繰り返し回数を指定すると，複数回クラスタリングを実行し，最も評価関数値が小さい結果を採用する．以下にアヤメのデータに対する kmeans 関数の実行結果を示す．

```
K-means clustering with 3 clusters of sizes 50, 38, 62

Cluster means:
  Sepal.Length Sepal.Width Petal.Length Petal.Width
1     5.006000    3.428000     1.462000    0.246000
2     6.850000    3.073684     5.742105    2.071053
3     5.901613    2.748387     4.393548    1.433871

Clustering vector:
  [1] 1 1 1 1 1 1 1 1 1 1 1 1 1 1 1 1 1 1 1 1 1 1 1 1 1 1 1 1 1 1 1 1 1 1 1 1
 [37] 1 1 1 1 1 1 1 1 1 1 1 1 1 1 3 3 2 3 3 3 3 3 3 3 3 3 3 3 3 3 3 3 3 3 3 3
 [73] 3 3 3 3 3 2 3 3 3 3 3 3 3 3 3 3 3 3 3 3 3 3 3 3 3 3 3 2 3 2 2 2 2 3 2
[109] 2 2 2 2 3 3 2 2 2 2 3 2 3 2 3 2 2 3 3 2 2 2 2 2 3 2 2 2 2 3 2 2 2 2 3 2
[145] 2 2 3 2 2 3

Within cluster sum of squares by cluster:
[1] 15.15100 23.87947 39.82097
 (between_SS / total_SS =  88.4 %)

Available components:

[1] "cluster"      "centers"      "totss"        "withinss"
[5] "tot.withinss" "betweenss"    "size"         "iter"
[9] "ifault"
```

Cluster means は代表ベクトルを表し,Clustering vector は各サンプルを分類した結果を表す.同一の番号が振られているサンプルは同じクラスターに所属することを意味する.Within cluster sum of squares by cluster は群内平方和と呼ばれ,式 (6.1) の評価関数のうち特定のクラスターに関する合計であり,Within cluster sum of squares by cluster の合計が式 (6.1) の評価関数の値となる.

6.7 節での分類結果と実際のアヤメのカテゴリ(品種)の混同行列は次の **table** 関数を用いて作成する.Clustering vector の分類結果は iris.kmeans$cluster に格納されているので,iris データの5列目と合わせて,次のコマンドを入力すればよい.

```
> table(iris.kmeans$cluster,iris[,5])
```

6.8.2　スクリープロットによる最適クラスター数の決定

6.4.3 項ではクラスター数を 3 と決めていたが，クラスター数の決定は重要な問題である．ここでは，スクリープロットによって最適なクラスター数を決める方法を紹介する．スクリープロットによる方法は，クラスター数の候補に対して式 (6.1) の評価関数値の折線グラフを作成し，評価関数値が急激に減少したときのクラスター数を最適なクラスター数とする方法である．以下のコマンドでは，クラスター数を 2 から 10 まで変えて kmeans 関数を実行し，そのときの評価関数値をベクトル ev に格納し，折線グラフを作成している．

```
> vec.center <- 2:10
> m <- length(vec.center)
> ev <- rep(NA,m)
> for (i in 1:m) ev[i] <- sum(kmeans(iris[,-5], centers=vec.center[i])$withinss)
> plot(vec.center, ev, type="b", xlab="クラスター数", ylab="評価関数値")
```

図 6.2 に作成したスクリープロットを示す．

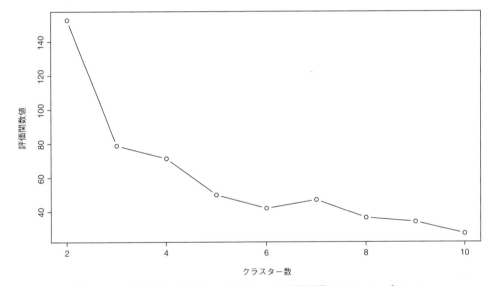

図 6.2　k 平均法によるアヤメのデータの分類結果のスクリープロット

図のスクリープロットを見ると，クラスター数を 3 にした場合に評価関数値が急激に減少しているので，クラスター数を 3 とするのが最適であることを意味している．

練習問題

6.1 表 6.5 の自動車データに対してクラスター数を 3 として，k 平均法による非階層的クラスタリングを行い，table 関数を用いて各クラスターのサンプル数を集計せよ．

6.2 表 6.5 の自動車データに対して階層的クラスタリングを行い，デンドログラムを作成せよ．

表 6.5　自動車のデータ

車名	排気量	燃費 （**WLTC**)	全長	全幅	全高	価格	総重量
3 シリーズ	1998	13.0	4720	1825	1440	548	1815
CX-60	2488	14.2	4740	1890	1685	299	1955
BRZ	2387	12.0	4265	1775	1310	308	1480
GR-86	2387	12.0	4265	1775	1310	279	1480
N-BOX カスタム	658	21.2	3395	1475	1790	178	1130
アウトランダー（PHEV）	2359	16.6	4710	1860	1740	484	2285
アルファード	2493	10.8	4945	1850	1935	359	2360
エクストレイル（EV）	1497	19.7	4660	1840	1720	319	2015
オーラ（EV）	1198	27.2	4045	1735	1525	265	1535
カローラツーリング	1490	19.1	4495	1745	1460	207	1535
コペン GR	658	19.2	3395	1475	1280	238	980
シエンタ	1490	18.4	4260	1695	1695	195	1545
シビックタイプ R	1995	12.5	4595	1890	1405	499	1650
ジムニー	658	16.6	3395	1475	1725	155	1260
ノア	1986	15.1	4695	1730	1895	267	1985
ノート（EV）	1198	28.4	4045	1695	1520	221	1495
ハスラー（HV）	657	25.0	3395	1475	1680	138	1030
ハリアー	1986	15.4	4740	1855	1660	312	1805
フィット	1496	18.7	3995	1695	1515	159	1355
フェアレディ Z	2997	10.2	4380	1845	1315	524	1710
プリウス（HV）	1797	32.6	4600	1780	1420	275	1625
レヴォーグ	1795	13.7	4755	1795	1500	310	1825
ロードスター	1997	15.8	3915	1735	1245	352	1210

第7章 主成分分析

7.1 主成分分析の概要

主成分分析は，多変数のデータから主成分と呼ばれる少数の新たな変数を合成し，次元の縮約を行う情報要約手法である．通常，多変数のデータに対して散布図等による視覚化を行うのは2変数もしくは3変数が限界であるが，主成分分析により合成した主成分を用いて，サンプルを分類したり特徴付けしたりすることができる．

7.2 例題

例題 7.1

いま，表7.1に示すような生徒10人の試験に関する点数が得られているとしよう．

表 7.1 5科目データ

No.	国語	社会	数学	理科	英語
1	58	49	58	74	57
2	47	42	50	59	45
3	47	39	54	69	49
4	53	47	65	79	57
5	52	53	48	65	56
6	43	35	44	60	43
7	48	42	47	65	51
8	54	49	64	80	49
9	44	40	55	70	43
10	39	37	55	65	47

表の10人の5科目の試験に関する得点を主成分分析せよ．

 結果と見方

主成分分析を実施すると，図 7.1 に示すようなグラフを作成することができる．

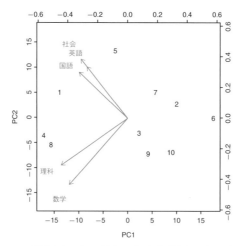

図 7.1 5 科目データに対する主成分分析のバイプロット

　図のグラフは主成分分析のバイプロットと呼ばれるもので，このグラフによって，どの変数同士の関係が強いか弱いか，また，どの生徒同士が似た特徴を持っているかを視覚的に把握することができる．

 R による結果の出し方

7.4.1 主成分分析の種類

　主成分分析を実施する前に見ておくべき 2 つの統計量がある．それは**分散共分散行列**と**相関係数行列**である．

(1) 分散共分散行列

	国語	社会	数学	理科	英語
国語	33.16667	29.50000	19.11111	26.55556	24.50000
社会	29.50000	34.90000	16.66667	22.68889	25.32222
数学	19.11111	16.66667	48.88889	46.55556	14.66667
理科	26.55556	22.68889	46.55556	52.71111	20.31111
英語	24.50000	25.32222	14.66667	20.31111	29.78889

　上の分散共分散行列における国語の行と国語の列がクロスするところに位置する 33.1667 という数値は国語の分散の値を示している．また，国語と社会のクロスするところに位置する 29.5 という数値は国語と社会の共分散の値を示している．

(2) 相関係数行列

	国語	社会	数学	理科	英語
国語	1.0000000	0.8670784	0.4746024	0.6351165	0.7794496
社会	0.8670784	1.0000000	0.4034883	0.5289924	0.7853477
数学	0.4746024	0.4034883	1.0000000	0.9170972	0.3843255
理科	0.6351165	0.5289924	0.9170972	1.0000000	0.5125727
英語	0.7794496	0.7853477	0.3843255	0.5125727	1.0000000

相関係数行列によって，科目間の相関関係の強さを数値的に把握することができる．

主成分分析には「分散共分散行列から出発する主成分分析」と「相関係数行列から出発する主成分分析」の2種類がある．原データ（生データ）に対して主成分分析を適用することを「分散共分散行列から出発する主成分分析」といい，標準化したデータに対して主成分分析を適用することを「相関係数行列から出発する主成分分析」という．多くの場合，相関係数行列から出発する主成分分析が使われる．その理由は，試験の点数のように，どの変数も測定単位が同じときには（この例では測定単位は「点」）どちらの主成分分析も適用できるが，体重や身長のように変数によって単位が異なる場合には原データに対して主成分分析をしても意味がないからである．

7.4.2 固有値と固有ベクトル

主成分分析を実施すると，次のような計算結果を得ることができる．ここでは，先の例に分散共分散行列から出発する主成分分析を適用したとして話を進めることにする．

(1) 固有値

141.388386	42.823327	7.570010	4.910144	2.763688

主成分分析を実施すると，元データの変数の数だけ新しい変数である主成分が得られ，第1主成分，第2主成分，…，と呼ばれる．

固有値の値は左から第1主成分の固有値，第2主成分の固有値という順に並んでいて，これは各主成分の分散の値になる．

(2) 固有ベクトル

固有ベクトルは，行が元の変数，列が主成分に対応し，個々の値は主成分が合成される際の各変数の係数（重み）となっており，変数が主成分に与える影響の程度を表している．

	[,1]	[,2]	[,3]	[,4]	[,5]
[1,]	0.4101184	0.3771338	-0.37873347	0.57091096	0.46924901
[2,]	0.3926202	0.4797018	-0.38371133	-0.62605594	-0.27668604
[3,]	0.4928341	-0.5496216	0.06701551	-0.39347081	0.54380162
[4,]	0.5612679	-0.3870214	-0.03094701	0.35642722	-0.63811812
[5,]	0.3460421	0.4192694	0.83897424	0.01596871	0.01831016

たとえば，1列目を見ると第1主成分は

第1主成分 = 0.41 × 変数1 + 0.39 × 変数2 + 0.49 × 変数3 + 0.56 × 変数4 + 0.35 × 変数5

と合成され，各変数はほぼ同程度に第 1 主成分に影響を与えていることがわかる．このように固有
ベクトルの値を見ることによって，各主成分の解釈を行うことができる．

7.4.3　eigen 関数による主成分分析の実践

(1)　データの読み込み

まず，csv ファイルの読み込み関数である **read.csv** 関数を用いて，5 科目データのファイル sub-
ject.csv を読み込む．

```
> subject.data <- read.csv("subject.csv")
```

read.csv(file, header=TRUE) の引数 file には，読み込むファイル名を指定する．csv ファイル
の 1 行目が見出し行である場合は，header=TRUE とする．データが 1 行目から始まる場合は，
header=FALSE とする．header 引数を省略した場合は，デフォルトで TRUE となる．

(2)　分散共分散行列の算出

次に **cov** 関数もしくは **var** 関数を用いて分散共分散行列を計算する．

```
> cov.subject <- cov(subject.data)
```

cov.subject には，7.4.1 項 (1) に示す分散共分散行列が格納されている．

(3)　固有値・ベクトルの算出

eigen 関数を用いて，5 科目データの分散共分散行列から固有値・固有ベクトルを計算する．

```
> eigen.subject <- eigen(cov.subject)
```

eigen 関数の戻り値である eigen.subject は 7.4.2 項 (1) の固有値を格納する属性 values と (2) の
固有ベクトルを格納する属性 vectors からなる．values は降順に並んでおり，vectors の第 i 列は i
番目の values に対応する固有ベクトルになっている．この vectors の行列が主成分得点を計算する
際の因子負荷量の行列となる．

(4)　主成分得点の算出

実際に中心化した 5 科目データの行列と因子負荷量の行列の行列積を計算し，**主成分得点**
（score.subject）を計算する．

```
> score.subject <- scale(subject.data, scale=F)%*%eigen.subject$vectors
```

score.subject には以下に示す主成分得点が格納されている．

```
            [,1]        [,2]        [,3]       [,4]        [,5]
[1,]   13.662350   5.08933563   0.4403377   2.3225306   1.74378794
[2,]  -10.111490   2.75401280  -2.8472248  -1.9653647   3.52048807
[3,]   -2.321167  -3.07671537   1.6183981   1.9670669   0.21781212
[4,]   17.082696  -3.53819537   3.4158012  -0.2520719   0.56693570
[5,]    2.446327  13.30547927  -0.0527131  -2.8962645  -1.89171359
[6,]  -17.588126  -0.04026501  -0.7573002   2.8186976  -0.35725381
[7,]   -5.736014   4.97349950   1.4211587   2.0203342  -1.36051555
```

```
 [8,]  15.578152  -5.39321285  -4.5401114  -0.3111244  -0.84558837
 [9,]  -4.181052  -7.18067438  -2.6268898  -0.5045777  -1.67079841
[10,]  -8.831676  -6.89326423   3.9285436  -3.1992260   0.07684589
```

scale 関数はデータのスケーリングを行う関数であり，scale 引数を T にすると標準化，F にすると中心化を行う．scale 引数を省略した場合，デフォルトでは，標準化が行われる．R における行列積の計算は，たとえば行列 A と行列 B の行列積は A%∗%B とすると計算できる．

(5) 寄与率の計算

5 科目データの主成分の寄与率および累積寄与率を計算する．

sum 関数を使って固有値 eigen.subject$values の合計を計算し，個々の固有値を固有値の総和で割り，寄与率を計算する．

```
> cont.rate <- eigen.subject$values/sum(eigen.subject$values)
```

cont.rate には以下に示す寄与率が格納されている．

```
[1] 0.70887164 0.21470110 0.03795337 0.02461774 0.01385616
```

cumsum 関数は累積和を計算する関数であり，固有値の累積和を固有値の総和で割ることにより，累積寄与率を計算する．

```
> accum.rate <- cumsum(eigen.subject$values)/sum(eigen.subject$values)
```

accum.rate には以下に示す累積寄与率が格納されている．

```
[1] 0.7088716 0.9235727 0.9615261 0.9861438 1.0000000
```

7.4.4 **prcomp 関数の活用**

R には主成分分析を実施するための関数である **prcomp** 関数が用意されている．prcomp 関数の引数は，読み込んだデータのオブジェクト（subject.data）を指定する．

```
> pr.subject <- prcomp(subject.data)
```

prcomp 関数の戻り値には，主成分の標準偏差（Standard deviation）と因子負荷量（Rotation）が含まれる．

```
Standard deviations (1, .., p=5):
[1] 11.890685   6.543953   2.751365   2.215885   1.662435

Rotation (n x k) = (5 x 5):
            PC1         PC2          PC3          PC4          PC5
国語 -0.4101184   0.3771338   0.37873347  -0.57091096   0.46924901
社会 -0.3926202   0.4797018   0.38371133   0.62605594  -0.27668604
数学 -0.4928341  -0.5496216  -0.06701551   0.39347081   0.54380162
理科 -0.5612679  -0.3870214   0.03094701  -0.35642722  -0.63811812
英語 -0.3460421   0.4192694  -0.83897424  -0.01596871   0.01831016
```

主成分の標準偏差は固有値の平方根に一致する．平方根を計算する **sqrt** 関数を使って実際に固有値（eigen.subject）の平方根を計算すると，上の prcomp 関数による主成分の標準偏差と一致していることが確認できる．

```
> sqrt(eigen.subject$values)
```

```
[1] 11.890685  6.543953  2.751365  2.215885  1.662435
```

7.4.5 主成分の解釈と主成分得点の計算

主成分分析では因子負荷量から主成分の解釈を行うことが重要になる．7.4.4 項の Rotation の 1 列目（PC1）に，第 1 主成分の因子負荷量の値が示されている．第 1 主成分の計算式に因子負荷量の値を代入すると次のようになる．

$$z_{i1} = -0.41x'_{i1} - 0.39x'_{i2} - 0.49x'_{i3} - 0.56x'_{i4} - 0.34x'_{i5}, \quad i = 1, \ldots, n$$

ここで z_{i1} と x'_{i1} は i 番目のサンプルに対する 1 番目の主成分得点とスケーリングされた観測変数を表す．$x'_{i2}, \ldots, x'_{i5}$ は同様に i 番目のサンプルに対するスケーリングされた 2 番目から 5 番目の観測変数を表す．

すべての因子負荷量が負の値をとるので，5 科目すべての点数が高得点だと第 1 主成分は小さな値となる．逆に 5 科目すべての点数が低得点だと第 1 主成分は大きな値となる．したがって，この第 1 主成分は，5 科目全般の総合的能力を表していると考えることができる．

第 2 主成分についても，同様に式で表すと以下のようになる．

$$z_{i2} = 0.38x'_{i1} + 0.48x'_{i2} - 0.55x'_{i3} - 0.39x'_{i4} + 0.42x'_{i5}, \quad i = 1, \ldots, n$$

数学，理科の点数を表す x'_{i3}, x'_{i4} の因子負荷量は負の値なので，数学，理科の点数が高得点だと第 2 主成分の値は小さな値となる．逆に国語，社会，英語の点数を表す x'_{i1}, x'_{i2}, x'_{i5} の因子負荷量は正の値なので，国語，社会，英語の点数が高得点だと第 2 主成分の値は大きな値となる．総じて，第 2 主成分は，文科系・理科系を表す尺度だといえる．ただし，第 2 主成分は，どちらかといえば文科系科目が得意，どちらかといえば理科系科目が得意という相対的な尺度であるので，当該学生の絶対的な能力の評価には向いていない．このようにして，第 3 主成分以降も同様に主成分の解釈を行うことができる．

prcomp 関数の計算結果のオブジェクト（pr.subject）の属性 x には，主成分得点が計算されている．

7.4.6 主成分分析の視覚化

主成分得点の散布図を描き視覚化すると，各サンプルの相対的な位置関係を把握できる．特に因子負荷量と主成分得点の同時散布図であるバイプロットは，主成分の解釈を行いながら，サンプルの位置関係を確認できるので便利である．R にはバイプロットを作成するために **biplot** 関数が用意されている．biplot 関数の最初の引数には主成分得点，2 番目の引数には因子負荷量を指定する．

```
> biplot(pr.subject$x, pr.subject$rotation)
```

　図 7.1 の 5 科目データに対する主成分分析のバイプロットを見ると色の付いた矢印で示されているのが，各変数（科目の得点）に対する因子負荷量の値であり，番号でプロットされているのは各サンプルに対する主成分得点のプロットである．番号はサンプルの行番号を表している．上のコマンドのように，主成分得点と因子負荷量の行列を指定するとデフォルトで第 1 主成分（PC1）と第 2 主成分（PC2）のバイプロットが作成されるが，主成分を指定したい場合は主成分得点と因子負荷量の行列に対して作成したい主成分の列を指定すればよい．

　図 7.1 のバイプロットの下横軸と上横軸の目盛りは，それぞれ，第 1 主成分の主成分得点と因子負荷量の目盛りを表す．左縦軸と右縦軸の目盛りは，それぞれ，第 2 主成分の主成分得点と因子負荷量の目盛りを表す．

　第 1 主成分と第 3 主成分のバイプロットを出力させたいときには，以下のようなコマンドを入力する．

```
> biplot(pr.subject$x[, c(1,3)], pr.subject$rotation[, c(1,3)])
```

　バイプロット（図 7.1）を使って，第 1 主成分と第 2 主成分の解釈を行う．すべての変数（科目）の矢印が第 1 主成分を表す横軸の負の方向を指し示している．これは全科目が高得点だと第 1 主成分は小さくなることを示し，第 1 主成分は総合力を表す主成分であることを意味する．

　第 2 主成分を解釈すると，国語，社会，英語は第 2 主成分を表す縦軸が正の方向を指し示している．一方で数学，理科は負の方向を指し示している．したがって国語，社会，英語が高得点だと第 2 主成分の値が大きくなり，数学，理科が高得点だと第 2 主成分の値が小さくなることを示し，第 2 主成分は文科系・理科系の能力を表す主成分だと解釈できる．

　次にバイプロットから，各学生の能力を評価すると 4 番，8 番，1 番の学生は第 1 主成分の値が小さく，総合能力が非常に高いことがわかる．反対に 6 番の学生は総合能力が低いことを示している．第 2 主成分が小さな値の 9 番，10 番，8 番の学生は理科系の学生であることがわかる．反対に第 2 主成分の値の大きな 5 番の学生は文科系の学生である．

7.4.7　寄与率と累積寄与率の計算

　prcomp 関数の計算結果のオブジェクト（pr.subject）を **summary** 関数に渡すと主成分の標準偏差（Standard deviation），寄与率（Proportion of Variance），累積寄与率（Cumulative Proportion）を得ることができる．

```
> summary(pr.subject)
```

```
Importance of components:
                          PC1     PC2     PC3      PC4      PC5
Standard deviation     11.8907  6.5440  2.75137  2.21588  1.66243
Proportion of Variance  0.7089  0.2147  0.03795  0.02462  0.01386
Cumulative Proportion   0.7089  0.9236  0.96153  0.98614  1.00000
```

　第 1 主成分と第 2 主成分の寄与率はそれぞれ 0.7089，0.2147 であり，第 2 主成分までの累積寄与率は 0.9236 であることがわかる．したがって第 1 主成分と第 2 主成分に全体の情報のうち 92% が要約されていることがわかる．

練習問題

7.1　表7.2 の体育テストデータに対して，相関係数行列から出発する主成分分析を行い，固有値と因子負荷量，および主成分得点を求めよ．

7.2　問題 7.1 で求めた因子負荷量と主成分得点のバイプロットを作成せよ．

表 7.2　体育テストデータ

No.	反復横跳び	垂直跳び	背筋力	握力	50 m 走	走り幅跳び
1	51	62	140	43	6.1	420
2	52	68	136	43	6.7	450
3	48	66	184	48	6.6	491
4	43	50	175	53	6.8	532
5	45	58	114	44	6.4	485
6	52	56	138	41	6.6	498
7	54	72	135	42	7.3	517
8	45	61	141	42	6.5	415
9	43	54	153	50	6.2	442
10	46	48	136	46	5.6	340
11	48	59	159	46	6.8	452
12	52	59	161	39	6.6	423
13	48	67	165	44	7.2	596
14	46	59	164	45	6.8	505
15	50	55	149	38	7.2	521
16	50	63	152	43	7.0	457
17	49	64	153	36	7.4	556
18	51	65	158	42	7.2	518
19	50	69	181	49	6.7	509
20	47	72	149	46	7.1	526
21	51	73	192	54	7.2	557
22	47	68	184	58	7.2	557
23	41	65	128	44	6.4	451
24	43	61	127	44	6.1	390
25	48	64	163	46	6.7	456

第8章　因子分析

8.1　因子分析の概要

　主成分分析が多変数のデータから主成分と呼ばれる少数の新たな変数を合成し次元の縮約を行う情報要約手法であったのに対して，**因子分析**は観測変数の背後に潜む潜在因子（共通因子）を想定して，その潜在因子から観測変数が合成されたと考える．また観測変数が合成される際に，誤差（独自因子）による変動も加わる．つまり，主成分分析と因子分析は因果関係が逆となっている．

　また主成分分析はデータの生成モデルではないが，因子分析はデータ生成モデルであり，共通因子の数もあらかじめ決めておく必要がある．

　一方で，主成分分析における主成分と因子分析における共通因子は，分析結果から，類似の解釈が与えられることも多い．ここで，因子分析における基本的な分析項目を示す．アスタリスク * の項目は，主成分分析にはなく，因子分析固有の分析項目である．

- 因子負荷量の計算
- 因子負荷量の回転 *
- 因子負荷量による因子の解釈
- 因子得点の計算
- 寄与率・累積寄与率の計算
- 共通性・独自性の計算 *
- 適合度の検定 *

まず，共通因子数を 2 とした場合の 5 科目データの生成モデルの図を示す．

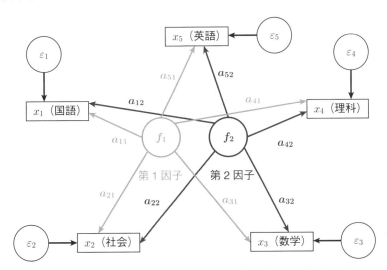

図 8.1　共通因子数を 2 とした場合の 5 科目データの生成モデル

8.2　例題

例題 8.1

　図 8.1 において x_i, $i = 1, \ldots, 5$, f_j, $j = 1, 2$ はそれぞれ 5 科目の点数を表す観測変数と共通因子を表す．共通因子は，この場合，何らかの知能を表すものと思えばよい．a_{ij} は i 番目の観測変数が j 番目の共通因子から影響を受ける際の大きさを表す重みであり，**因子負荷量**と呼ばれる．観測変数は，共通因子の他に，独自因子 ε_i, $i = 1, \ldots, 5$ からも影響を受ける．◯ 印の変数は観測されない変数であり，□ 印の変数は観測される変数を表す．また矢印は変数間の因果関係を表す．図が表す因果関係を数式で表現すると以下のようになる．

$$
\begin{aligned}
&x_1 = a_{11}f_1 + a_{12}f_2 + \varepsilon_1, \quad x_2 = a_{21}f_1 + a_{22}f_2 + \varepsilon_2, \\
&x_3 = a_{31}f_1 + a_{32}f_2 + \varepsilon_3, \quad x_4 = a_{41}f_1 + a_{42}f_2 + \varepsilon_4, \\
&x_5 = a_{51}f_1 + a_{52}f_2 + \varepsilon_5
\end{aligned}
\tag{8.1}
$$

　式 (8.1) の因果関係を想定したときに，因子負荷量 a_j はどのような値と推測され，共通因子 f_j はどのような因子であると解釈できるだろうか．例題 7.1 のデータに対して因子分析を実施せよ．

8.3　結果と見方

　主成分分析と同様に，因子分析も因子負荷量と因子得点の同時散布図であるバイプロット（図 8.2）を作成すると，因子の解釈を行いながら，サンプルの位置関係を確認できる．

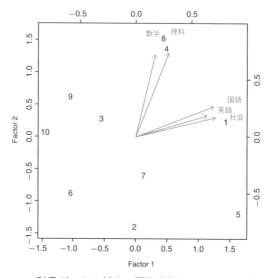

図 8.2　5 科目データに対する因子分析におけるバイプロット

8.4 Rによる結果の出し方

8.4.1 factanal 関数の活用

R の **factanal** 関数を 5 科目のデータに対して適用した結果を以下に示す.

```
> fa.subject <- factanal(subject.data, factors=2, scores="Bartlett")
```

```
Call:
factanal(x = subject.data, factors = 2, scores = "Bartlett")

Uniquenesses:
 国語   社会   数学   理科   英語
0.113 0.137 0.137 0.005 0.298

Loadings:
      Factor1 Factor2
国語   0.881   0.332
社会   0.905   0.210
数学   0.217   0.903
理科   0.371   0.926
英語   0.805   0.231

                Factor1 Factor2
SS loadings       2.429   1.882
Proportion Var    0.486   0.376
Cumulative Var    0.486   0.862

Test of the hypothesis that 2 factors are sufficient.
The chi square statistic is 0.21 on 1 degree of freedom.
The p-value is 0.648
```

factanal 関数において,計算したいデータのデータフレーム (subject.data) と factors 引数によって共通因子数を指定する.設定可能な factors 引数の値は観測変数の数 p に対して上限が決まっており,$\frac{1}{2}\{(p-\text{factors})^2 - p - \text{factors}\} \geq 0$ という条件を満たす必要がある.5 科目データは $p = 5$ であるので,設定できる共通因子の数は最大でも 2 となる.回転の種類は rotation 引数によって指定するが,何も指定しなかった場合はデフォルトでバリマックス回転となる.無回転(初期解)の場合は rotation="none",プロマックス回転の場合は rotation="promax"と指定する.因子得点の計算方法は scores 引数で指定する.何も指定しなかった場合,因子得点は計算されない.回帰法によって計算する場合は scores="regression",バートレットの方法によって計算する場合は scores="Bartlett"と指定する.ここでは,共通因子の数を 2,回転の種類をバリマックス回転,因子得点はバートレットの方法を選んでいる.

factanal 関数は,Uniquenesses(独自性),Loadings(因子負荷量),SS loadings(因子負荷量の平方和),Proportion Var(寄与率),χ^2 値(The chi square statistics)と p 値(The p-value)の

計算結果を返す．共通性は計算されないが，1 から独自性を引いたのが共通性なので，以下のように
すれば共通性を計算できる．

```
> 1 - fa.subject$uniquenesses
```

```
    国語       社会       数学       理科       英語
0.8872206  0.8626527  0.8632172  0.9950000  0.7020571
```

8.4.2　因子の解釈と因子得点の計算

　因子分析においても，主成分分析と同様に，因子負荷量から因子の解釈を行うことが重要である．
8.4.1 項の Loadings の第 1 因子（Factor1）と第 2 因子（Factor2）を式 (8.1) のモデル式に代入す
ると次のようになる．

$$x_1 = 0.881f_1 + 0.332f_2 + \varepsilon_1, \quad x_2 = 0.905f_1 + 0.210f_2 + \varepsilon_2,$$
$$x_3 = 0.217f_1 + 0.903f_2 + \varepsilon_3, \quad x_4 = 0.371f_1 + 0.926f_2 + \varepsilon_4,$$
$$x_5 = 0.805f_1 + 0.231f_2 + \varepsilon_5$$

第 1 因子 f_1 は x_1（国語），x_2（社会），x_5（英語）への影響が大きいのに対して，第 2 因子 f_2 は
x_3（数学），x_4（理科）への影響が大きいことがわかる．したがって第 1 因子は文科系能力の因子，
第 2 因子は理科系能力の因子と解釈することができる．第 7 章で 5 教科データに主成分分析を適用
した際にも第 2 主成分に文科系能力と理科系能力の主成分が現れたが，この因子分析の適用結果か
らは第 1 因子と第 2 因子として別々の因子に現れており，さらに，因子得点 f_1, f_2 の値が大きいこ
とは，これらの能力が高いことを意味している．

　factanal 関数の計算結果のオブジェクト（fa.subject）の属性 scores には，因子得点が計算され
ている．

```
> fa.subject$scores
```

```
          Factor1      Factor2
 [1,]   1.43555745   0.2327927
 [2,]  -0.01926772  -1.3914477
 [3,]  -0.55875394   0.2792197
 [4,]   0.48665929   1.3614322
 [5,]   1.63478738  -1.1982841
 [6,]  -1.04033507  -0.8774555
 [7,]   0.12216587  -0.6034049
 [8,]   0.43551606   1.5194491
 [9,]  -1.04184208   0.6168194
[10,]  -1.45448724   0.0608791
```

　主成分分析と同様に，**biplot** 関数を利用するとバイプロットを作成することができる．biplot 関
数の最初の引数には因子得点，2 番目の引数には因子負荷量を指定する．

```
> biplot(fa.subject$scores, fa.subject$loadings)
```

　図 8.2 の 5 科目データに対する因子分析のバイプロットでは，色の付いた矢印で示されているのが各変数（科目の得点）に対する因子負荷量の値であり，番号でプロットされているのは各サンプルに対する因子得点のプロットである．番号はサンプルの行番号を表している．biplot 関数の引数に，因子得点と因子負荷量の行列を指定するとデフォルトで第 1 因子（Factor1）と第 2 因子（Factor2）のバイプロットが作成されるが，主成分分析のバイプロットと同様に特定の因子に対してバイプロットを作成したい場合は，因子得点と因子負荷量の行列に対して作成したい因子の列を指定すればよい．

　図 8.2 のバイプロットの下横軸と上横軸の目盛りは，それぞれ，第 1 因子の因子得点と因子負荷量の目盛りを表す．左縦軸と右縦軸の目盛りは，それぞれ，第 2 因子の因子得点と因子負荷量の目盛りを表す．

　バイプロットを使って第 1 因子と第 2 因子の解釈を行う．国語，英語，社会の矢印が第 1 因子を表す横軸の正の方向を指し示している．これは，第 1 因子が大きいことは国語，英語，社会が高得点であることを示し，第 1 因子は文科系能力を表す因子であることを意味する．

　第 2 因子を解釈すると，数学，理科は第 2 因子を表す縦軸が正の方向を指し示している．したがって第 2 因子が大きいことは数学，理科が高得点であることを示し，第 2 因子は理科系科目の能力を表す因子であると解釈できる．

　次にバイプロットから各生徒の能力を評価すると 1 番，5 番の学生は第 1 因子の値が大きく，文科系科目能力が高いことがわかる．反対に 10 番の生徒は文科系科目能力が低いことを示している．第 2 因子が大きな値の 8 番，4 番の生徒は，理科系科目の能力の高い生徒であることがわかる．反対に 2 番，5 番，6 番の生徒は，理科系科目の能力の低い生徒である．

8.4.3　寄与率と累積寄与率の解釈

　8.4.1 項の factanal 関数の実行結果を見ると，第 1 因子（Factor1）の寄与率（Proportion Var）が 0.486 とあるのは，国語，社会，数学，理科，英語の 5 科目の得点は，第 1 因子によって 48.6% が説明されることを意味している．同様に，第 2 因子（Factor2）の寄与率が 0.376 なので，第 2 因子によって 37.6% が説明されることを意味している．累積寄与率（Cumulative Var）を見ると，第 1 因子が 0.486，第 2 因子が 0.862 であるので，第 1 因子のみだと 48.6% が説明され，第 1 因子と第 2 因子を合わせると 86.2% が説明されることを意味している．

8.4.4　共通性と独自性および適合度検定の解釈

　8.4.1 項の factanal 関数の実行結果の独自性（Uniquenesses）および共通性を見ると，各科目の得点に対して，独自因子，つまり誤差によって説明される割合と共通因子によって説明される割合を確認することができる．理科の得点が最も共通性が高く，99.5% が共通因子によって説明される．反対に英語は最も共通性が低く，共通因子によって説明されるのは 70.2% である．

　適合度の検定を行うと，χ^2 値は 0.21 であり，p 値は 0.648 であり，有意水準を 10% で考えても共通因子数 $=2$ の因子分析モデルが正しいとする帰無仮説は棄却されないので，このモデルを用いて問題はないといえる．

8.4.5　共通因子数の決定

　5 科目データに対する因子分析の適用例では共通因子数を 2 としたが，共通因子数の決め方は色々な方法が提案されている．最も古典的な方法として，固有値の**スクリープロット**による方法がある．スクリープロットによる方法には，相関係数行列の固有値のプロットを作成し縦軸の固有値が 1 以上のプロット数を共通因子数とする**カイザー-ガットマン基準**や固有値の減少が緩やかになる直前のプロット数を共通因子数とする**スクリー基準**がある．

　以下のコマンドを入力し，実際に 5 科目データに対して作成したスクリープロットが図 8.3 のプロットである．

```
> eigen.subject <- eigen(cor(subject.data))
> plot(eigen.subject$values, type="b", xlab="Num", ylab="Value", main="Scree Plot")
```

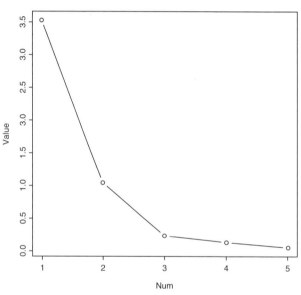

図 8.3　5 科目データのスクリープロット

　カイザー-ガットマン基準によれば最適な共通因子数は 2 であり，スクリー基準では最適な共通因子の数は 3 であることを示唆している．しかしながら，観測変数の数 $p = 5$ に対して共通因子の数を 3 と指定することはできないので，この適用例では共通因子数を 2 としている．

練習問題

8.1 表8.1（第7章の表7.2の再掲）の体育テストデータに対して，因子数を3として因子分析を行い，寄与率，因子負荷量，および因子得点を求めよ．

表 8.1 体育テストデータ

No.	反復横跳び	垂直跳び	背筋力	握力	50 m 走	走り幅跳び
1	51	62	140	43	6.1	420
2	52	68	136	43	6.7	450
3	48	66	184	48	6.6	491
4	43	50	175	53	6.8	532
5	45	58	114	44	6.4	485
6	52	56	138	41	6.6	498
7	54	72	135	42	7.3	517
8	45	61	141	42	6.5	415
9	43	54	153	50	6.2	442
10	46	48	136	46	5.6	340
11	48	59	159	46	6.8	452
12	52	59	161	39	6.6	423
13	48	67	165	44	7.2	596
14	46	59	164	45	6.8	505
15	50	55	149	38	7.2	521
16	50	63	152	43	7.0	457
17	49	64	153	36	7.4	556
18	51	65	158	42	7.2	518
19	50	69	181	49	6.7	509
20	47	72	149	46	7.1	526
21	51	73	192	54	7.2	557
22	47	68	184	58	7.2	557
23	41	65	128	44	6.4	451
24	43	61	127	44	6.1	390
25	48	64	163	46	6.7	456

8.2 問題8.1で求めた因子負荷量と因子得点のバイプロットを作成せよ．

第9章 対応分析

9.1 対応分析の概要

9.1.1 対応分析とは

対応分析は複数の質的変数を同時に解析するための方法で，質的変数間の関係を視覚的に把握することを目的としている．また，複数の測定結果が質的データで得られるようなときに，測定結果を統合した上で，サンプル（アンケート調査では回答者）をグループ分けするのにも使うことができる．この解析目的は主成分分析と同じであるが，主成分分析は複数の量的変数を同時に解析するための多変量解析法であり，質的変数が得られたときに，主成分分析に代わって用いられるのが対応分析である．

対応分析が適用できるデータ表は2元表に整理されたデータで，次の3種類がある．

① 分割表（クロス集計表）
② 01データ表（2値型データ表）
③ アイテム・カテゴリ型データ表

上記のうち，③が主成分分析の代用品と考えられる．さて，①と②に対する対応分析を**単純対応分析**，③に対する対応分析を**多重対応分析**と呼んでいる．単純対応分析の「単純」は省略することが多いので，次のように整理できる．

$$対応分析 \begin{cases} 単純対応分析 & \leftarrow \quad 単純を略して対応分析と呼ぶことが多い \\ 多重対応分析 & \leftarrow \quad 主成分分析の代用 \end{cases}$$

対応分析はコレスポンデンス分析，応答分析とも呼ばれている．また，対応分析は数量化理論と呼ばれる手法群の中の数量化理論 III 類と同等な手法として知られている．

9.1.2 対応分析と分割表

対応分析の活用場面で最も多いのは**分割表**を解析するときである．分割表とは次のような2元表形式の集計表で，**クロス集計表**とも呼ばれている．

表 9.1 分割表の例

	A	B	C	D	E
小学生	10	12	18	11	14
中学生	19	23	11	15	16
高校生	22	11	23	12	12
大学生	12	12	10	10	23

　この分割表は，5つのチョコレート（A，B，C，D，E）について，属性（小学生，中学生，高校生，大学生）別にどのチョコレートが最も好きかを調査して集計した結果を示す表である．表中の数字は人数を示している．このような分割表が得られたならば，行（属性）と列（チョコレート）の間に何らかの関係があるかどうかを調べることが解析の目的になる．この解析目的のために，棒グラフや帯グラフ，あるいは，次に示すようなモザイク図やアソシエーションプロットといったグラフが使われる．

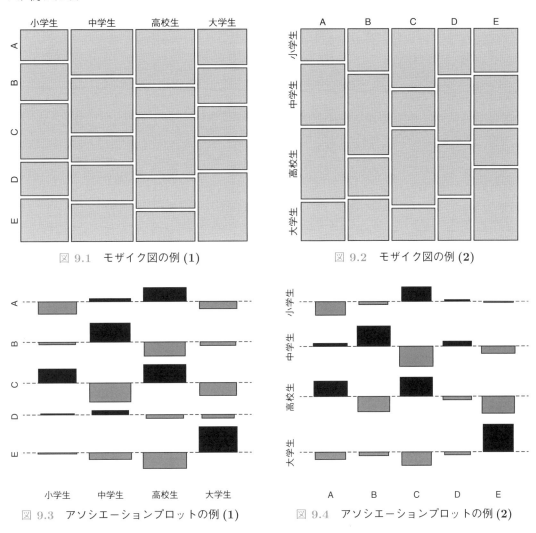

図 9.1　モザイク図の例 (1)　　　　　　　　図 9.2　モザイク図の例 (2)

図 9.3　アソシエーションプロットの例 (1)　　図 9.4　アソシエーションプロットの例 (2)

　さらに，グラフによる視覚的な分析だけでなく，χ^2 検定と呼ばれる独立性の検定も用いられる．χ^2 検定の結果は次のようになる．

```
        Pearson's Chi-squared test

data:  x
X-squared = 21.51, df = 12, p-value = 0.04339
```

　χ^2 検定の p 値は 0.04339 となっており，この値は 0.05 より小さいので，独立性は有意である（行と列に関係がある）という結論が得られる．

さて，この分割表に対応分析を適用すると，次のようなバイプロット（同時布置図）を作成することができる.

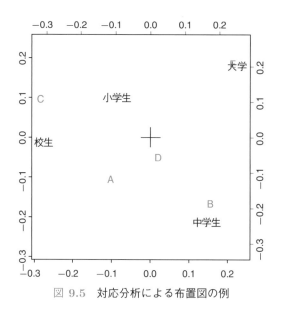

図 9.5　対応分析による布置図の例

対応分析の結果として得られたバイプロットから，行の要素（小学生，中学生，高校生，大学生）と列の要素（チョコレート A，B，C，D，E）の関係を視覚的にとらえることが可能となり，同時に，行の要素のグルーピングと，列の要素のグルーピングにも使うことができる.

9.2　例題

例題 9.1

ある中学校の生徒 300 人に対して次に示すような 2 つの質問をアンケート調査で行った.

---

①　あなたの趣味を下の 5 つから 1 つ選んでください.

　　　　　運動　　音楽　　読書　　映画　　ゲーム

②　あなたの所属するクラスを 1 つ選んでください.

　　　　A　　　B　　　C　　　D　　　E　　　F

アンケート調査で収集したデータについて，①と②のクロス集計を実施した結果が次の分割表である.

表 9.2　分割表

	A	B	C	D	E	F
運動	17	10	7	9	11	7
音楽	8	17	5	9	6	6
読書	16	9	9	8	12	7
映画	9	8	13	11	6	7
ゲーム	7	18	14	9	6	19

この分割表に対して

(1)　アソシエーションプロットと χ^2 検定を行え.

(2)　対応分析を適用せよ.

9.3　結果と見方

アソシエーションプロットと χ^2 検定の結果を示す.

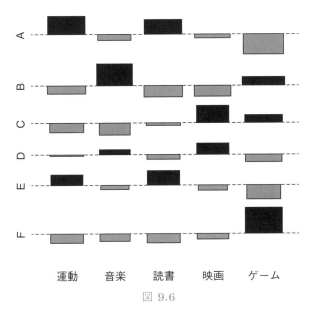

図 9.6

```
        Pearson's Chi-squared test

data:  x2
X-squared = 33.167, df = 20, p-value = 0.03234
```

対応分析の結果，次のようなバイプロットが得られる.

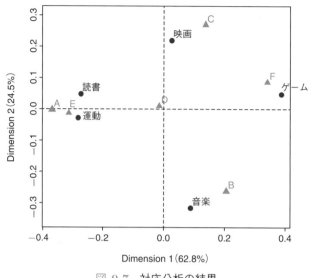

図 9.7　対応分析の結果

図 9.7 から次のようなことがわかる.

- A と E は近くに位置しており，A と E の生徒は趣味の傾向が似ている.
- A と E の近くには読書と運動が位置していることから，A と E の生徒の多くは読書と運動を趣味にしている.
- B の近くに音楽が位置しており，B には音楽を趣味にしている生徒が多い.
- C の近くに映画が位置しており，C には映画を趣味にしている生徒が多い.
- F の近くにゲームが位置しており，F にはゲームを趣味にしている生徒が多い.
- D は原点 $(0, 0)$ の近くに位置している. これは D にはどの趣味が多いという特徴がないことを示している.
- 横軸名 Dimension1 の () 内に 62.8%という数値が示されている. これは要素の横軸方向の位置（左右）は元の分割表が持っている情報の 62.8%を表現していることを意味している.
- 縦軸名 Dimenshon2 の () 内に 24.5%という数値が示されている. これは要素の縦軸方向の位置（上下）は元の分割表が持っている情報の 24.5%を表現していることを意味している.
- 横軸と縦軸の 2 次元平面上に元の分割表が持っている情報の 87.3%（= 62.8% + 24.5%）が表現されている.

9.4 Rによる結果の出し方

9.4.1 例題9.1のデータ入力

ここでは対象となる分割表を最初にExcelに入力して，それをRに読み込むという方法で進めることにする.

分割表をExcelに次のように入力する.

	A	B	C	D	E	F	G
1		A	B	C	D	E	F
2	運動	17	10	7	9	11	7
3	音楽	8	17	5	9	6	6
4	読書	16	9	9	8	12	7
5	映画	9	8	13	11	6	7
6	ゲーム	7	18	14	9	6	19

図 9.8

このExcelファイルをCSV形式で保存する．ファイル名はDATA1.csvとしておく.

次にこのファイルをRで読み込むことで，Rへのデータ入力を済ませたことにする [1].

```
> x1 <- read.csv("DATA1.csv", header=T, check.names=F)
# DATA1.csv ファイルを読み込み，データセットに「x1」と名前を付ける.
# 「x1」と名前を付けることで，データセットの指定が簡単になる.
```

9.4.2 例題9.1の対応分析の実施

対応分析を行うために **ca** 関数を用いる

```
> x2 <- data.matrix(x1[,2:7])
# x1[,2:7] は x1 のデータの 2 列目から 7 列目までを分割表のデータとして使う.
> rownames(x2) <- c("運動","音楽","読書","映画","ゲーム")
> assocplot(x2)
# アソシエーションプロットの作成
> chisq.test(x2)
# χ² 検定を行う
> library(ca)
# 対応分析のための ca パッケージを読み込む.
> ca1 <- ca(x2)
> plot(ca1)
```

---

[1] 最初に次の手順で作業ディレクトリを指定しておく．① 「ファイル」→「ディレクトリの変更」を選択する．② データファイル（CSV ファイル）が保管されているフォルダを選択する．③ 「OK」をクリックする.

9.5 01 データ表の対応分析

対応分析は分割表だけでなく **01 データ表**にも適用することができる．01 データ表はアンケート調査でしばしば目にする複数回答の選択結果をデータ表にしたときに示される表である．もちろん，アンケート調査に限る必要はなく，ある項目（変数）に該当していれば 1，該当していなければ 0 と入力したデータ表と考えられる．

01 データ表は 2 値データ表とも呼ばれている．次に示す例題では複数回答を例にとりあげたが，テキストマイニングなどで，出現した語句を変数（列）にして，その語句を使っていれば 1，使っていなければ 0 と表現すると，やはり 01 データ表になり，その表を対応分析で解析するということも行われている．

ちなみに，01 データは数値データとしての扱いもできるので，対応分析だけでなく，主成分分析やクラスター分析による解析も可能となるので，いくつかの手法で解析して，その結果を比較することにより有用な知見を得るという方法も試すとよいであろう．

9.6 例題

例題 9.2

いま，次のようなアンケート調査を 17 人の中学生徒に実施したとしよう．

> 次の科目の中で，好きな科目にはいくつでもいいので○を付けなさい．
> 英語 国語 社会 数学 理科

この回答結果をデータ表に整理するときには，○を付けていたら 1，付けていなければ 0 と入力するのが複数回答を入力するときの定石である．10 人にアンケート調査をしたとすれば，次のようなデータ表になる．

表 9.3 01 データ表

No.	英語	国語	社会	数学	理科
1	1	1	1	0	0
2	1	1	1	0	1
3	1	0	1	1	0
4	1	0	1	1	1
5	1	0	0	0	1
6	1	1	1	1	1
7	0	0	0	1	1
8	1	0	0	1	1
9	1	1	0	0	0
10	1	1	1	1	0

　この表を通常の原データの表とは見ずに（本当は原データであるが），分割表に整理された集計結果であると見ることで対応分析を適用することができるので，対応分析で解析せよ．

9.7　結果と見方

　対応分析の結果，次のようなバイプロットが得られる．

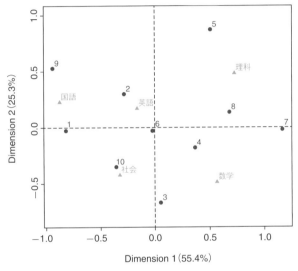

図 9.9　**01 データ表の対応分析**

　01 データ表の対応分析の場合，回答の仕方が似ている（同じ科目に○を付けている）人同士は近くに位置することになる．また，同時に○が付けられている科目同士は近くに位置する．

　原点近くには多くの人が○を付けている科目が位置する．この例では英語が多くの人に選ばれているので原点近くに来ている．回答者でいえば，多くの科目に○を付けている人が原点に近くにくることになる．

　この結果を見ると，左側に国語と社会が位置し，右側に数学と理科が位置していることから，左側にいる回答者は文系タイプ，右側にいる回答者は理系タイプといえるだろう．

9.8　Rによる結果の出し方

9.8.1　例題 9.2 のデータ入力

ここでは対象となる分割表を最初に Excel に入力して，それを R に読み込むという方法で進めることにする．

分割表を Excel に次のように入力する．

	A	B	C	D	E	F
1	No	英語	国語	社会	数学	理科
2	1	1	1	1	0	0
3	2	1	1	1	0	1
4	3	1	0	1	1	0
5	4	1	0	1	1	1
6	5	1	0	0	0	1
7	6	1	1	1	1	1
8	7	0	0	0	1	1
9	8	1	0	0	1	1
10	9	1	1	0	0	0
11	10	1	1	1	1	0

図 9.10

この Excel ファイルを CSV 形式で保存する．ファイル名は DATA2.csv としておく．
次にこのファイルを R で読み込むことで，R へのデータ入力を済ませたことにする．

```
> x2 <- read.csv("DATA2.csv", header=T, check.names=F)
# DATA2.csv ファイルを読み込み，データセットに「x2」と名前を付ける．
```

9.8.2　例題 9.2 の R のコマンド

```
> x3 <- data.matrix(x2[,2:6])
> rownames(x3) <- c("1","2","3","4","5","6","7","8","9","10")
> library(ca)
> ca1 <- ca(x3)
> plot(ca1)
```

以上の操作手順は例題 9.1 と同様である．

練習問題

9.1 血液型と好きな小説のジャンルのアンケート調査を実施し，それらのクロス集計を行った結果が次の分割表である．この分割表に対応分析を適用せよ．

表 9.4 分割表

	A	**B**	**O**	**AB**
推理	13	11	16	11
恋愛	11	39	19	13
歴史	41	13	21	11
経済	33	30	22	18
科学	12	14	18	35

9.2 次のようなアンケート調査を実施した．

> あなたが観戦していて楽しいと感じるスポーツをいくつでも結構ですので，下記の中から選んでください．
> 　野球　ラグビー　サッカー　テニス　バドミントン　柔道　相撲　ボクシング

このアンケート調査の結果を整理したものが次の01データ表である．回答者は15人である．

表 9.5 01 データ表

No.	野球	ラグビー	サッカー	テニス	バドミントン	柔道	相撲	ボクシング
1	1	1	0	0	0	1	0	0
2	0	0	0	1	1	0	0	0
3	1	1	1	0	0	1	1	0
4	1	0	0	1	0	0	0	0
5	1	0	1	0	0	0	0	0
6	0	0	0	1	1	0	0	0
7	1	1	1	0	0	0	0	0
8	1	0	1	0	0	0	0	0
9	1	1	1	1	0	0	0	0
10	0	1	0	0	1	0	1	1
11	1	1	1	0	0	0	0	0
12	0	0	1	1	1	0	0	0
13	1	1	0	1	1	0	0	0
14	0	0	0	0	1	0	1	0
15	0	1	0	1	1	1	1	0

この01データ表に対応分析を適用せよ．

第 10 章　決定木

10.1　決定木と分類の木

　「暑いときに，アイスクリームはよく売れているのか」という 2 つの間の関係を調べたいとすれば，過去の気温のデータとそのときの売上の関係を調べることが有効であろう．他にも，天気が晴れであればより多くアイスクリームが売れるかもしれない．たとえば，40 人がお店の前を通ったとして，その人の年齢と性別と所持金の情報を基にして，アイスクリームを買うか買わないかを予想する．

　このように，アイスクリームを買うか買わないかといった分類を説明する際に用いられるのが**分類の木**である．説明の対象が分類ではなく量的である場合（たとえばアイスクリームの売上）には回帰の木と呼ばれ，10.5 節で再度説明する．両者を併せて**決定木**と呼ぶ．決定木は，機械学習の手法の中で，正解となるデータが与えられている「教師あり学習」の代表例である．決定木に似た手法としては，第 4 章にある回帰分析と，第 5 章にあるロジスティック回帰分析が該当する．決定木は，複数の説明変数を基にして目的変数についての情報を得ようとしていることから，多変量解析の一種として位置付けることもできる．

　回帰分析と比較すると，決定木で求められる結果はそれぞれの変数によって分岐されたものであることから，解釈が容易であることが多い．

10.2 例題

例題 10.1

表 10.1 に，架空のアイスクリーム店の前を通った人の年齢，性別と所持金を示す．

表 10.1　アイスクリーム店の前を通った人のデータ

年齢	性別	所持金	買う＝1，買わない＝0	年齢	性別	所持金	買う＝1，買わない＝0
3	F	4168	0	22	F	156	0
3	M	9332	1	22	F	8838	1
5	F	4039	1	23	M	9005	1
5	F	7256	0	25	M	2572	1
5	F	9354	1	25	M	8045	1
5	M	936	1	28	M	8511	1
7	M	5317	1	31	M	3404	0
8	M	6430	1	33	F	5669	0
9	F	4394	0	35	F	5088	0
9	M	6692	0	37	M	4652	1
10	F	6811	1	38	F	2800	0
10	M	5175	1	40	M	713	0
10	M	7482	1	40	M	4527	1
11	F	8507	0	41	F	7997	0
12	M	781	0	41	F	8070	0
12	F	1340	1	41	M	7182	1
13	F	9334	1	42	F	4117	1
14	F	454	0	45	M	4561	1
16	F	8308	0	49	F	559	0
20	M	3024	1	50	F	1953	0

(1)　決定木を作成せよ．

(2)　表 10.2 の属性を持つ人が通ったときにアイスを買うといえるかどうかを求めよ．

表 10.2　アイスクリーム店の前を新たに通った人のデータ

年齢	性別	所持金	買う＝Yes，買わない＝No
31	M	1953	
5	F	3024	
50	F	3404	

10.3　結果と見方

(1)　決定木の作成

　図 10.1 に partykit パッケージによって作成された図を，図 10.2 に rpart パッケージによって作成された図を示す．まず，性別は sex という変数で分けられており，M（Male, 男性）であれば（図 10.2 では sex=F no のことである）一番右側のグループに属する．このとき，およそ 8 割の人がアイスクリームを購入する（Node5(n=19) の色が濃い面積が 80%程度（図 10.2 では 0.79）になっている）．すなわち，男性であれば買うと予想するのが妥当であろう．F（Female, 女性）の場合はさらに age という変数によって分けられており，13.5 歳未満（age は整数のデータであり，図 10.2 では 14 未満とされているが，これは 13.5 未満と同じことである）ではほぼ半数になっているが（Node4(n=9)），13.5 歳以上ではほとんどが買わない（Node3(n=12)）．このことから，女性で年齢が 13.5 歳以上（図 10.2 では 14 以上）の場合には買わないといえる．また，今回とりあげた分類の木では変数として所持金の情報は使っておらず，影響が見られないという結論になった．

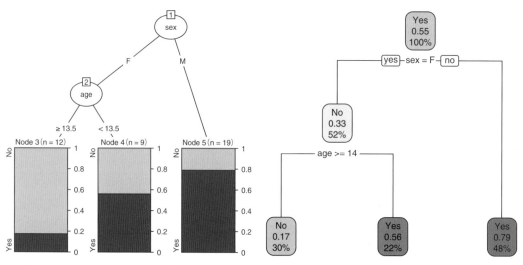

図 10.1　アイスクリームの購入に関する　　　図 10.2　アイスクリームの購入に関する
　　　　　決定木（partykit による）　　　　　　　　　　　決定木（rpart による）

```
  n= 40

          CP nsplit rel error   xerror      xstd
1 0.38888889      0 1.0000000 1.2222222 0.1748015
2 0.05555556      1 0.6111111 0.6111111 0.1568891
3 0.01000000      2 0.5555556 0.7222222 0.1645701


Variable importance
  sex   age money
   60    29    11


Node number 1: 40 observations,    complexity param=0.3888889
  predicted class=Yes  expected loss=0.45  P(node) =1
    class counts:    18    22
   probabilities: 0.450 0.550
  left son=2 (21 obs) right son=3 (19 obs)
  Primary splits:
      sex   splits as  LR,          improve=4.150877, (0 missing)
      money < 2262.5 to the left,  improve=1.800000, (0 missing)
      age   < 29.5   to the right, improve=1.602198, (0 missing)
  Surrogate splits:
      age   < 22.5   to the left,  agree=0.575, adj=0.105, (0 split)
      money < 4460.5 to the left,  agree=0.575, adj=0.105, (0 split)

Node number 2: 21 observations,    complexity param=0.05555556
  predicted class=No   expected loss=0.3333333  P(node) =0.525
    class counts:    14     7
   probabilities: 0.667 0.333
  left son=4 (12 obs) right son=5 (9 obs)
  Primary splits:
      age   < 13.5   to the right, improve=1.5555560, (0 missing)
      money < 6240   to the left,  improve=0.3888889, (0 missing)
  Surrogate splits:
      money < 8407.5 to the left,  agree=0.667, adj=0.222, (0 split)


Node number 3: 19 observations
  predicted class=Yes  expected loss=0.2105263  P(node) =0.475
    class counts:     4    15
   probabilities: 0.211 0.789


Node number 4: 12 observations
  predicted class=No   expected loss=0.1666667  P(node) =0.3
    class counts:    10     2
   probabilities: 0.833 0.167


Node number 5: 9 observations
  predicted class=Yes  expected loss=0.4444444  P(node) =0.225
    class counts:     4     5
   probabilities: 0.444 0.556
```

(2)　ある属性を持つ人が通ったとき，アイスを買う確率

```
          No       Yes
1 0.2105263 0.7894737
2 0.4444444 0.5555556
3 0.8333333 0.1666667
```

　1 人目は男性であるので，購入するといえる．2 人目は女性で 5 歳のため真ん中のグループであり，購入する確率のほうが購入しない確率よりも高く，購入するといえる．3 人目は女性で年齢が13.5 歳より高いため，購入しないものと思われる．

10.4　R による結果の出し方

10.4.1　各種パッケージの準備

　はじめに，決定木の分析を可能とする rpart パッケージを読み込む．また，結果を表示する際に用いる partykit パッケージ，または rpart.plot パッケージも読み込んでおく．

```
> install.packages("rpart")
> install.packages("partykit")
> install.packages("rpart.plot")
```

　それぞれのインストールは最初に一度実施すればよい．決定木の分析をする際には，準備としてこれらのパッケージを呼び出す．

```
> library(rpart)
> library(rpart.plot)
> library(partykit)
```

　準備が完了したので，決定木の分析を実行する．

10.4.2　データの読み込みと決定木の実行

　決定木を作成するためには **rpart** 関数を用いる．

```
> data10_1 <- read.csv("data10_1.csv", header=TRUE)
# 表 10.1 のデータ（data10_1.csv）を読み込み，data10_1 と名前を付ける．
# data10-1.csv の先頭行には変数の名前が入っているので，header=TRUE とする．
> tree <- rpart(purchase ~ . , data=data10_1, method="class")
# 決定木の結果を tree として名前を付ける．
# rpart 関数を用いて，分析の対象に purchase 変数を指定する．
# その他の変数によって説明を試みるため， ~ として指定する．
# 対象データは data10_1 であり，purchase 変数が 0,1 であることを class として指定する．
```

10.4.3 決定木の解釈と予測

分析結果は，**plot** 関数または **rpart.plot** 関数でアウトプットすることができる．

```
> plot(as.party(tree))
> rpart.plot(tree)
# どちらも図示するためのコマンドである．どちらかわかりやすいほうを用いればよい．
> summary(tree)
# 決定の詳細なロジックはこちらで検討できる．
```

作成したモデルにおいて予測をするには **predict** 関数を用いる．

```
> newdata10_1 <- read.csv("data10_1prediction.csv", header=TRUE)
# 対象データを読み込む．
> prediction = predict(tree, newdata10_1)
# tree として保存した決定木に基づき予測した結果を prediction として保存する．
> prediction
# 予測結果を確認する．
```

10.5 決定木と回帰の木

10.1 節でも示したように，決定木は正解となるデータが与えられたもとでの教師あり学習の代表例である．「暑いときに，アイスクリームはよく売れているのか」という 2 つの間の関係を調べたいとすれば，過去の気温のデータとそのときの売上の関係を調べることが有効であろう．説明の対象がアイスクリームの売上のように分類ではなく量的である場合には**回帰の木**と呼ぶ．

10.6　例題

例題 10.2

アイスクリームの売上（y）と温度（x）の関係を調べるため，30 日間のデータを集めた．その日の天気によって関係の現れ方が異なるかもしれないと考え，変数 w に，その日の天気が晴れであれば 0，それ以外の天気であれば 1 の値を入力した．表 10.3 に分析対象のデータを示す．

表 10.3　売上と気温と天気のデータ

No.	売上 y	温度 x	天気	No.	売上 y	温度 x	天気
1	52	27.3	0	16	84	29.3	0
2	56	27.9	1	17	84	29.9	1
3	62	27.7	1	18	88	29.2	0
4	50	27.0	1	19	90	29.6	1
5	64	28.1	0	20	94	30.0	1
6	70	28.0	0	21	98	29.5	0
7	70	28.5	1	22	98	30.7	1
8	78	28.2	0	23	98	30.3	0
9	78	28.6	0	24	80	29.0	1
10	74	29.0	1	25	104	30.3	0
11	60	28.0	0	26	106	30.7	1
12	82	28.9	0	27	100	30.0	0
13	70	28.4	1	28	110	30.6	1
14	82	28.9	0	29	108	31.0	1
15	86	28.7	0	30	120	31.0	0

(1)　決定木を作成せよ．

(2)　表 10.4 の属性を持つ日のアイスの売上を予測せよ．

表 10.4　気温と天気のデータ

売上 y	温度 x	天気
	28.0	0
	30.3	0
	27.9	1

10.7 結果と見方

(1) 決定木の作成

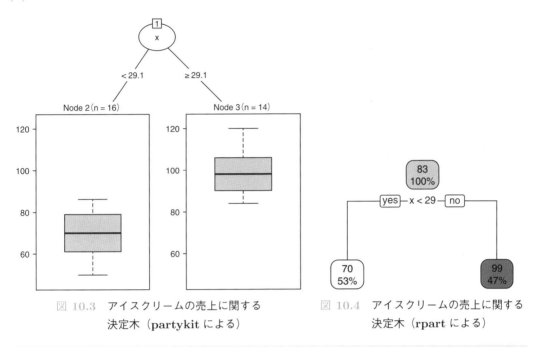

図 10.3 アイスクリームの売上に関する
決定木 (**partykit** による)

図 10.4 アイスクリームの売上に関する
決定木 (**rpart** による)

```
n= 30


        CP nsplit rel error    xerror       xstd
1 0.6567222      0 1.0000000 1.0202723 0.20786432
2 0.0100000      1 0.3432778 0.4609456 0.08764483


Variable importance
  x
100


Node number 1: 30 observations,    complexity param=0.6567222
  mean=83.2, MSE=320.6933
  left son=2 (16 obs) right son=3 (14 obs)
  Primary splits:
      x < 29.1 to the left,  improve=0.6567222, (0 missing)
      w < 0.5  to the right, improve=0.1058510, (0 missing)


Node number 2: 16 observations
  mean=69.625, MSE=119.1094


Node number 3: 14 observations
  mean=98.71429, MSE=99.77551
```

(2) ある属性を持つ日の，アイスの売上予測

```
        1        2        3
69.62500 98.71429 69.62500
```

気温によって分かれており，30.3 度のとき 98.7 の売上を見込める．それ以外のときは 69.6 と予想することができる．

10.8　R による結果の出し方

10.8.1　各種パッケージの準備

はじめに，10.4.2 項と同様に，決定木の分析を可能とする rpart パッケージを読み込む．また，結果を表示する際に用いる partykit パッケージ，または rpart.plot パッケージも読み込んでおく．

```
> install.packages("rpart")
> install.packages("partykit")
> install.packages("rpart.plot")
```

それぞれのインストールは最初に一度実施すればよいので，10.4 節でインストールした場合は省略してよい．決定木の分析をする際には，準備としてこれらのパッケージを呼び出す．

```
> library(rpart)
> library(rpart.plot)
> library(partykit)
```

準備が完了したので，決定木の分析を実行する．

10.8.2　データの読み込みと決定木の実行

決定木を作成するためには **rpart** 関数を用いる．

```
> data10_3 <- read.csv("data10_3.csv", header=TRUE)
# 表 10.3 のデータ（data10_3.csv）を読み込み，data10_3 と名前を付ける.
# data10-3.csv の先頭行には変数の名前が入っているので，header=TRUE とする.
> tree <- rpart(purchase ~ . , data=data10_3, method="class")
# 決定木の結果を tree として名前を付ける. rpart を用いて，分析の対象に y 変数を指定する.
# その他の変数によって説明を試みるため，~ として指定する.
# 対象データは data10_3 であり，method を特に指定しないことで，回帰の木として分析できる.
```

10.8.3 決定木の解釈と予測

分析結果は，**plot** 関数または **rpart.plot** 関数でアウトプットすることができる．

```
> plot(as.party(tree))
> rpart.plot(tree)
# どちらも図示するためのコマンドである．どちらかわかりやすいほうを用いればよい．
> summary(tree)
# 決定の詳細なロジックはこちらで検討できる．
```

作成したモデルにおいて予測をするには **predict** 関数を用いる．

```
> newdata10_3 <- read.csv("data10_3prediction.csv", header=TRUE)
# 対象データを読み込む．
> prediction = predict(tree, newdata10_3)
# tree として保存した決定木に基づき予測した結果を prediction として保存する．
> prediction
# 予測結果を確認する．
```

10.1　夏の蒸し暑さには，温度と湿度が与える影響が大きい．人間が感じる快・不快を温度と温度で説明できないかを考えた．いま，温度・湿度の値と，そのときに半数以上の人が不快と感じれば yes，それ未満であれば no としたデータを表 10.5 に示すように 30 個集めた．

表 10.5　温度・湿度の値と快・不快のデータ

温度	湿度	不快	温度	湿度	不快
31	40	yes	34	30	yes
35	5	yes	35	0	no
35	5	yes	32	30	yes
33	15	yes	29	35	no
27	40	no	29	65	yes
30	20	no	30	35	yes
26	80	yes	26	30	no
29	45	yes	30	60	yes
31	5	no	34	10	yes
23	80	no	24	65	no
27	25	no	26	50	no
31	55	yes	26	55	no
27	60	yes	28	50	yes
32	15	no	32	10	no
23	70	no	29	30	no

(1)　快（no）・不快（yes）を分けるための決定木を作成せよ．

(2)　温度 27，湿度 70 のときの快・不快を予測せよ．また，温度 30，湿度 35 のときはどうなるか．

10.2　ある材料の加工後の強度に何が影響するのかを分析することにした．強度の規格は 15 以上 50 以下である．加工条件のうち，強度に関連すると考えられた 5 つの要因をとりあげた．温度，密度，時間，圧力は連続量である．メーカーは A 社または B 社である．これらのデータは変換後の値であり，無名数である．表 10.6 に収集したデータを示す．

表 10.6　強度と関連する変数に関するデータ

強度	温度	密度	メーカー	時間	圧力
28.2	2.5	0.0	A	3.1	17.6
32.7	0.6	−0.5	B	17.2	7.9
35.1	2.9	2.8	A	8.7	13.9
33.9	3.5	3.8	B	10.5	13.3
36.1	9.1	−1.4	A	3.5	19.0
28.8	6.6	−1.9	B	5.6	17.8
52.0	6.7	−0.2	A	12.8	11.3
22.4	9.5	−8.1	B	9.7	14.6
26.7	7.3	−5.8	A	11.7	11.9
24.0	2.1	−0.3	B	−0.3	22.5
24.0	7.7	−0.3	A	12.0	11.5
20.9	1.0	0.4	B	11.2	11.9
35.3	2.7	−1.8	A	15.0	8.1
19.7	4.2	−1.7	B	9.5	13.1
35.7	1.7	2.0	A	20.4	4.3
37.0	2.2	1.6	B	11.9	12.3
26.3	5.9	−4.6	A	10.6	11.7
42.7	8.6	1.4	B	14.0	10.8
17.9	7.1	−6.5	A	−6.3	26.5
21.2	7.7	−2.9	B	2.9	18.0
31.6	1.1	1.7	A	13.8	9.4
22.4	3.6	−3.1	B	13.7	10.0
27.9	8.3	−5.7	A	−2.8	22.9
32.5	7.8	−0.2	B	10.7	12.1
18.3	9.3	−8.4	A	10.3	12.6
10.6	7.9	−6.6	B	2.7	19.2
36.8	1.7	−1.2	A	9.6	13.6
33.5	2.9	−0.3	B	16.2	7.3
33.0	4.3	4.9	A	5.0	16.6
20.0	3.8	1.1	B	10.1	12.9
28.4	3.9	−2.8	A	12.8	11.7
37.1	3.0	2.0	B	20.3	4.3
33.4	5.2	−2.5	A	14.7	10.5
46.8	4.1	5.3	B	24.4	2.1
22.0	6.5	−1.7	A	−0.7	21.8
29.1	5.4	4.0	B	16.5	7.1
29.6	6.1	−3.2	A	12.6	12.0
33.8	4.2	3.4	B	5.4	17.3
46.2	1.7	1.9	A	19.8	4.5
56.6	2.8	6.2	B	24.7	2.7

(1)　決定木を作成せよ.

(2)　表 10.7 の場合の強度を予測せよ.

表 10.7

強度	温度	密度	メーカー	時間	圧力
	3.5	1.5	A	4.5	12.0

第11章 総合演習

11.1 次のデータはある車両部品の生産工程における製造条件を記録したものから26個抜き出したものである.

表 11.1 データ表

No.	硬化剤量	熱処理温度	熱処理時間	乾燥時間	回転速度
1	5.2	70	28	61	52
2	3.4	50	46	25	51
3	4.4	40	11	42	37
4	5.3	32	43	53	26
5	3.0	28	49	29	43
6	6.8	53	42	33	50
7	1.8	50	37	62	26
8	4.9	51	36	51	31
9	7.1	74	70	53	44
10	3.4	61	26	59	52
11	6.2	69	47	62	60
12	9.3	86	51	63	59
13	4.6	65	68	68	53
14	5.0	70	45	60	36
15	4.6	38	33	19	47
16	4.6	71	41	47	66
17	7.9	86	50	55	68
18	3.3	35	23	44	86
19	4.6	70	49	70	34
20	7.8	73	46	56	57
21	3.9	48	25	43	33
22	3.1	34	25	44	41
23	1.7	18	36	19	41
24	3.1	54	66	37	64
25	5.4	60	46	37	40
26	3.1	53	65	38	64

(1) 散布図行列を作成せよ.

(2) 相関行列を出発点とする主成分分析を実施して,主成分得点と変数の同時散布図を作成せよ.

(3) サンプルを分類する目的で階層的クラスター分析を実施して,樹形図(デンドログラム)を作成せよ.

11.2 次のデータ表は，問題 11.1 のデータに，破壊強度と割れの有無（あり = 1，なし = 0）を追加したものである．

表 11.2 データ表

No.	硬化剤量	熱処理温度	熱処理時間	乾燥時間	回転速度	破壊強度	割れ
1	5.2	70	28	61	52	74.0	0
2	3.4	50	46	25	51	64.4	1
3	4.4	40	11	42	37	84.3	1
4	5.3	32	43	53	26	90.4	0
5	3.0	28	49	29	43	58.7	1
6	6.8	53	42	33	50	83.3	0
7	1.8	50	37	62	26	51.1	1
8	4.9	51	36	51	31	45.9	1
9	7.1	74	70	53	44	91.0	0
10	3.4	61	26	59	52	59.0	1
11	6.2	69	47	62	60	74.7	0
12	9.3	86	51	63	59	98.3	0
13	4.6	65	68	68	53	79.2	1
14	5.0	70	45	60	36	87.5	0
15	4.6	38	33	19	47	63.4	1
16	4.6	71	41	47	66	67.8	1
17	7.9	86	50	55	68	99.1	0
18	3.3	35	23	44	86	92.8	0
19	4.6	70	49	70	34	50.7	0
20	7.8	73	46	56	57	89.7	0
21	3.9	48	25	43	33	61.6	1
22	3.1	34	25	44	41	50.5	1
23	1.7	18	36	19	41	65.6	1
24	3.1	54	66	37	64	55.8	0
25	5.4	60	46	37	40	83.1	1
26	3.1	53	65	38	64	53.8	0

(1) 破壊強度のヒストグラムと箱ひげ図を作成せよ．

(2) 硬化剤量，熱処理温度，熱処理時間，乾燥時間，回転速度の 5 つの変数を説明変数，破壊強度を目的変数とする回帰分析を実施せよ．

(3) 硬化剤量，熱処理温度，熱処理時間，乾燥時間，回転速度の 5 つの変数を説明変数，割れの有無を目的変数とするロジスティック回帰分析を実施せよ．

(4) 問 (3) において，ステップワイズ法を適用して，説明変数を選択せよ．

付録 A　主成分分析の理論的背景

■ 固有値分解による主成分分析

　主成分分析は，多変数のデータから主成分と呼ばれる少数の新たな変数を合成し，次元の縮約を行う情報要約手法である．

　主成分分析は，アルゴリズム内ですべてのデータに対して

　①中心化　$x'_{ij} = x_{ij} - \overline{x}_j$，もしくは，②標準化　$x'_{ij} = \frac{x_{ij} - \overline{x}_j}{s_j}$，$i = 1, \ldots, n$，$j = 1, \ldots, p$
によるスケーリングを行っているが，ここでは中心化によってスケーリングしているものとする．ここで $\overline{x}_j$，s_j はそれぞれ j 番目の変数の標本平均と標本標準偏差を表し，n はサンプル数，p は変数の数を表す．このようにスケーリングした変数に因子負荷量と呼ばれる重みを掛けた重み付き和により，主成分を以下のように計算する．

$$z_{i1} = a_1 x'_{i1} + a_2 x'_{i2} + \cdots + a_p x'_{ip}, \quad i = 1, \ldots, n \tag{A.1}$$

ここで n はサンプル数を表す．主成分分析では主成分の分散を情報と考え，$a_1^2 + a_2^2 + \cdots + a_p^2 = 1$ の制約条件のもとで，分散

$$\frac{\sum_{i=1}^n (z_{i1} - \overline{z}_1)^2}{n - 1}$$

が最大になるような重み $a_1, a_2, \ldots, a_p$ を求める．このようにして求められた主成分 z_1 は最も元の変数の情報を含む主成分であり，第 1 主成分と呼ばれる．同様にして第 2 主成分と呼ばれる主成分を以下のように計算する．

$$z_{i2} = b_1 x'_{i1} + b_2 x'_{i2} + \cdots + b_p x'_{ip}, \quad i = 1, \ldots, n \tag{A.2}$$

　このとき，重み $b_1, b_2, \ldots, b_p$ は，$b_1^2 + b_2^2 + \cdots + b_p^2 = 1$ の他，第 1 主成分と第 2 主成分の間の共分散が 0，$\sum_{i=1}^n (z_{i1} - \overline{z}_1)(z_{i2} - \overline{z}_2) = 0$ という制約条件のもとで z_2 の分散が最大になるように求められる．第 3 主成分以降も同様に当該主成分の分散が最大になり，異なる主成分間の共分散が 0 になるように重みを求める．

　実際には，第 1 主成分の分散は i 行 j 列目の要素が i 番目の変数と j 番目の変数の間の共分散

$$\frac{\sum_{k=1}^n (x_{ki} - \overline{x}_i)(x_{kj} - \overline{x}_j)}{n - 1}$$

となる p 行 p 列の共分散行列 $\boldsymbol{C}$ の最大固有値 λ_1，重み $a_1, a_2, \ldots, a_p$ は λ_1 に対応する固有ベクトルとして求められる．第 2 主成分の分散は 2 番目に大きな固有値 λ_2，重み $b_1, b_2, \ldots, b_p$ は λ_2 に対応する固有ベクトルとして求められ，第 3 主成分以降も同様にして分散と重みを求めることができる．

　各主成分に対する重みである因子負荷量を計算したら，式 (A.1) と式 (A.2) を使って，実際に，各サンプルに対する主成分の計算結果である主成分得点を計算してみる．主成分得点の計算は R の行列計算を利用すると簡単に計算できる．行にサンプル，列に変数が配置されているスケーリングされたデータ行列 $\boldsymbol{X}$，および，第 i 列に i 番目に大きな固有値に対応する固有ベクトルが配列された行列 $\boldsymbol{P}$ があるとき，主成分得点は $\boldsymbol{X}$ と $\boldsymbol{P}$ の行列積として計算できる．

主成分分析では，寄与率と呼ばれる各主成分の重要度の指標を以下のように求めることができる．

$$\text{第 } i \text{ 主成分の寄与率} = \frac{\lambda_i}{\sum_{j=1}^{p} \lambda_j}$$

実用上，第 1 主成分から第 q 主成分までの上位主成分を分析の対象とすることが多いが，この q を決める基準として，寄与率の累積値である累積寄与率が 80%となる主成分数とする場合が多い．

標準化によるスケーリングを想定した主成分分析の場合は，共分散行列の固有値・固有ベクトルを計算する代わりに，相関係数行列の固有値・固有ベクトルを計算し，相関係数行列の固有ベクトルを因子負荷量とすればよい．

■ 特異値分解による主成分分析

7.4.1 項では，分散共分散行列の固有値分解によって主成分分析の実行例を示したが，中心化データ行列の特異値分解によっても主成分分析を実行できる．

中心化によってスケーリングした x'_{ij} を $\sqrt{n-1}$ で割った

$$y_{ij} = \frac{x'_{ij}}{\sqrt{n-1}} = \frac{x_{ij} - \overline{x}_j}{\sqrt{n-1}}$$

を i 行 j 列目の要素とする n 行 p 列の行列 $\boldsymbol{Y}$ を特異値分解すると

$$\boldsymbol{Y} = \boldsymbol{U}\boldsymbol{D}\boldsymbol{V}^T$$

と行列分解される．$\boldsymbol{U}$ は n 行 p 列の行列であり，各列は互いに直交する．$\boldsymbol{D}$ は p 行 p 列の対角行列，$\boldsymbol{V}$ は p 行 p 列の直交行列である．以下に svd 関数による中心化データの特異値分解の実行例を示す．

```
> Y.subject <- scale(subject.data, scale=F)/sqrt(nrow(subject.data)-1)
> svd.subject <- svd(Y.subject)
```

nrow 関数は行列の行数を取得する関数であり，sqrt 関数は平方根を計算する関数である．svd 関数の戻り値は行列 $\boldsymbol{D}$ の対角要素である属性 d，行列 $\boldsymbol{U}$ を表す属性 u，行列 $\boldsymbol{V}$ を表す属性 v からなる．行列 $\boldsymbol{D}$ の対角要素は 7.4.2 項で計算した分散共分散行列の固有値の平方根 $\sqrt{\lambda_i}$ に等しい．また行列 $\boldsymbol{V}$ も 7.4.2 項で計算した分散共分散行列の固有ベクトルに等しい．

```
$d
[1] 11.890685  6.543953  2.751365  2.215885  1.662435

$u
              [,1]         [,2]         [,3]         [,4]        [,5]
 [1,] -0.38299870  0.259238580 -0.053347782 -0.34937599  0.34964544
 [2,]  0.28345690  0.140282823  0.344946932  0.29564789  0.70589008
 [3,]  0.06506962 -0.156720519 -0.196072145 -0.29590394  0.04367332
 [4,] -0.47888177 -0.180227206 -0.413831089  0.03791893  0.11367580
 [5,] -0.06857824  0.677749278  0.006386297  0.43568223 -0.37930589
 [6,]  0.49305056 -0.002051003  0.091748417 -0.42401392 -0.07163266
 [7,]  0.16079854  0.253338164 -0.172176190 -0.30391689 -0.27279582
 [8,] -0.43670465 -0.274717358  0.550043503  0.04680214 -0.16954821
 [9,]  0.11720806 -0.365766372  0.318252904  0.07590313 -0.33501037
[10,]  0.24757968 -0.351126386 -0.475950847  0.48125643  0.01540830
```

```
$v
             [,1]        [,2]        [,3]        [,4]        [,5]
[1,] -0.4101184  0.3771338  0.37873347 -0.57091096  0.46924901
[2,] -0.3926202  0.4797018  0.38371133  0.62605594 -0.27668604
[3,] -0.4928341 -0.5496216 -0.06701551  0.39347081  0.54380162
[4,] -0.5612679 -0.3870214  0.03094701 -0.35642722 -0.63811812
[5,] -0.3460421  0.4192694 -0.83897424 -0.01596871  0.01831016
```

特異値分解の計算結果の行列 V を用いて主成分得点を計算した結果を以下に示す．7.4.3 項 (4) で示した主成分得点と同じ値であることがわかる．

```
> score.svd <- scale(subject.data, scale=F)%*%svd.subject$v
```

```
               [,1]         [,2]        [,3]        [,4]        [,5]
 [1,] -13.662350   5.08933563 -0.4403377 -2.3225306  1.74378794
 [2,]  10.111490   2.75401280  2.8472248  1.9653647  3.52048807
 [3,]   2.321167  -3.07671537 -1.6183981 -1.9670669  0.21781212
 [4,] -17.082696  -3.53819537 -3.4158012  0.2520719  0.56693570
 [5,]  -2.446327  13.30547927  0.0527131  2.8962645 -1.89171359
 [6,]  17.588126  -0.04026501  0.7573002 -2.8186976 -0.35725381
 [7,]   5.736014   4.97349950 -1.4211587 -2.0203342 -1.36051555
 [8,] -15.578152  -5.39321285  4.5401114  0.3111244 -0.84558837
 [9,]   4.181052  -7.18067438  2.6268898  0.5045777 -1.67079841
[10,]   8.831676  -6.89326423 -3.9285436  3.1992260  0.07684589
```

特異値分解の計算結果の行列 D の対角要素は主成分の標準偏差（共分散行列の平方根）に等しいので，2 乗すると主成分の分散となり，寄与率が計算できる．

```
> cr.svd <- svd.subject$d^2/sum(svd.subject$d^2)
```

```
[1] 0.70887164 0.21470110 0.03795337 0.02461774 0.01385616
```

累積寄与率も同様に計算できる．

```
> accum.cr.svd <- cumsum(svd.subject$d^2)/sum(svd.subject$d^2)
```

```
[1] 0.7088716 0.9235727 0.9615261 0.9861438 1.0000000
```

標準化によるスケーリングを想定した主成分分析の場合は，$x'_{ij} = \frac{x_{ij} - \overline{x}_j}{s_j}$ とスケーリングを行った後，上記と同様に特異値分解を実行すればよい．

付録B 因子分析の理論的背景

式 (8.1) において，共通因子 f_i は平均 0，分散 1 で，異なる共通因子の間で独立と考える場合（直交モデル）が多い．共通因子の平均を 0 と仮定するのは違和感があるかもしれないが，x_i が元の観測変数を平均 0，分散 1 に標準化した変数だと考えればよい．また独自因子 ε_i は異なる独自因子の間で互いに独立であり，平均 0，分散 d_i^2 の正規分布に従うと仮定する．

したがって，因子分析における推定の対象となるパラメータは a_{ij} および d_i^2 となるが，これらのパラメータ推定を考える際に，本文中の式 (8.1) のデータの生成モデルを行列で表記すると式 (B.1) のようになる．

$$x = Af + \varepsilon \tag{B.1}$$

ここで，x，A，f，ε はそれぞれ，$x = (x_1, x_2, \ldots, x_5)^T$，$A = \begin{pmatrix} a_{11} & b_{12} \\ a_{21} & b_{22} \\ a_{31} & b_{32} \\ a_{41} & b_{42} \\ a_{51} & b_{52} \end{pmatrix}$，$f = (f_1, f_2)^T$，$\varepsilon = (\varepsilon_1, \varepsilon_2, \ldots, \varepsilon_5)^T$ を表す．ここで観測変数 x に対して共分散行列 $\Sigma = E(x - \mu)(x - \mu)^T$ を計算すると，式 (B.2) のように表すことができる．

$$\Sigma = AA^T + \Sigma_\varepsilon \tag{B.2}$$

Σ は真の共分散行列であり，実際にはわからないので，データから計算した標本共分散による共分散行列 S を Σ の代用として，式 (B.2) の左辺と右辺が出来るだけ近くなるように，A と Σ_ε を推定するのが因子分析におけるパラメータ推定の基本的な考え方である．因子分析におけるパラメータ推定は主因子法や最尤法等がよく知られるが，R の factanal 関数は最尤法によって推定を行っている．

また因子分析が主成分分析と異なる点として，因子の回転という概念がある．これは，因子負荷量の行列 A を直交行列 P によって回転させた

$$A' = AP^T \tag{B.3}$$

を式 (B.2) の因子負荷量 A に代入すると

$$\Sigma = A'A'^T + \Sigma_\varepsilon = AP^T PA^T + \Sigma_\varepsilon = AA^T + \Sigma_\varepsilon$$

となり，A' も式 (B.2) の条件を満たしていることがわかる．つまり，式 (B.2) の条件を満たす因子負荷量 A が無数に存在することになる．因子分析では条件を満たす A が無数に存在することを逆に利用して，解釈しやすい因子負荷量 A を採用する．

図 B.1 に解釈しにくい因子負荷量と解釈しやすい因子負荷量の例を示す．左の解釈しやすい因子負荷量の特定の列，たとえば因子 1（1 列目）に着目したときに，変数 2（0.956），変数 5（0.832）に対しては大きな値，変数 1（0.021），変数 3（0.159），変数 4（0.082）に対しては小さな値となっており，メリハリがついていることがわかる．

解釈しやすい因子負荷量

$$A = \begin{array}{c} \\ \text{変数 1} \\ \text{変数 2} \\ \text{変数 3} \\ \text{変数 4} \\ \text{変数 5} \end{array} \begin{array}{cc} \text{因子 1} & \text{因子 2} \\ \begin{pmatrix} 0.021 & 0.941 \\ 0.956 & 0.066 \\ 0.159 & 0.848 \\ 0.082 & 0.765 \\ 0.832 & 0.050 \end{pmatrix} \end{array}$$

解釈しにくい因子負荷量

$$A = \begin{array}{c} \\ \text{変数 1} \\ \text{変数 2} \\ \text{変数 3} \\ \text{変数 4} \\ \text{変数 5} \end{array} \begin{array}{cc} \text{因子 1} & \text{因子 2} \\ \begin{pmatrix} 0.321 & 0.941 \\ 0.386 & 0.966 \\ 0.299 & 0.848 \\ 0.355 & 0.896 \\ 0.402 & 0.905 \end{pmatrix} \end{array}$$

図 **B.1** 解釈しやすい因子負荷量と解釈しにくい因子負荷量

一方で，図 B.1 の右側の解釈しにくい因子負荷量の因子 1（1 列目）に着目すると，全体的に同じような値となっていることがわかる．因子分析では最初に求めた因子負荷量を回転させて解釈しやすい因子負荷量を探索するが，代表的な回転方法にバリマックス回転がある．バリマックス回転では因子負荷量行列の各列の要素の 2 乗の分散の合計を解釈のしやすさとして定量的に評価し，その意味で最も解釈しやすい回転を行う．

因子分析においても主成分分析と同様に寄与率を計算することができる．本文の式 (8.1) から各観測変数に対して分散を計算すると，図 B.2 のように表現することができる．

$$V(x_1) = \boxed{a_{11}^2 V(f_1)} + \boxed{a_{12}^2 V(f_2)} + V(\varepsilon_1)$$
$$V(x_2) = a_{21}^2 V(f_1) + a_{22}^2 V(f_2) + V(\varepsilon_2)$$
$$V(x_3) = a_{31}^2 V(f_1) + a_{32}^2 V(f_2) + V(\varepsilon_3)$$
$$V(x_4) = a_{41}^2 V(f_1) + a_{42}^2 V(f_2) + V(\varepsilon_4)$$
$$V(x_5) = a_{51}^2 V(f_1) + a_{52}^2 V(f_2) + V(\varepsilon_5)$$

第 1 因子による分散部分　第 2 因子による分散部分

図 **B.2** 観測変数の分散のうち共通因子と独自因子の分散の内訳

図で黒色の枠の部分が第 1 因子に由来する分散であり，灰色の枠が第 2 因子に由来する分散である．因子分析における寄与率は，観測変数の分散の合計のうち，各因子による分散の合計の割合として計算される．ここで，仮定より $V(f_1) = 1$，$V(f_2) = 1$，$V(\varepsilon_i) = d_i^2$ であるので，第 j 因子の寄与率は以下のように表される．

$$第 j 因子の寄与率 = \frac{a_{1j}^2 + a_{2j}^2 + a_{3j}^2 + a_{4j}^2 + a_{5j}^2}{V(x_1) + V(x_2) + V(x_3) + V(x_4) + V(x_5)}, \quad j = 1, 2$$

ここで x_i は標準化されているので，分母は $V(x_1) + V(x_2) + V(x_3) + V(x_4) + V(x_5) = 5$ となる．第 1 因子の寄与率から第 j 因子の寄与率までを累積したものが第 j 因子の累積寄与率となる．

共通性・独自性は主成分分析にはない因子分析固有の概念であり，共通性は観測変数の分散のうち共通因子に由来する分散の割合，独自性は独自因子の分散の割合を示す．仮定より，$V(x_i) = 1$，$V(f_1) = 1$，$V(f_2) = 1$ であるので，x_i の共通性は以下のように計算できる．

$$x_i の共通性 = \frac{a_{i1}^2 V(f_1) + a_{i2}^2 V(f_2)}{V(x_i)} = a_{i1}^2 + a_{i2}^2$$

同様に独自性は以下のように計算できる.

$$x_i \text{ の独自性} = \frac{V(\varepsilon_i)}{V(x_i)} = d_i^2 = 1 - x_i \text{ の共通性}$$

因子分析を実行するということは事前にデータの生成モデルを仮定することになり，モデルのハイパーパラメータである共通因子の数も設定する必要がある．したがって分析後には，仮定した生成モデルが実際の観測データを表現できているか，観測データに当てはまっているかを適合度検定によって検証する必要がある．適合度の検定は χ^2 値を検定統計量として以下の仮説を検定する．

帰無仮説 H_0　仮定しているモデルが正しい
対立仮説 H_1　仮定しているモデルは正しくない

χ^2 値は想定しているモデルと実際のデータとの乖離を表しており，χ^2 値が大きいと帰無仮説 H_0 は棄却され，対立仮説 H_1 が採択される．R の factanal 関数は χ^2 値の他にその χ^2 値に対する p 値を計算してくれるので，設定した有意水準 α と比較して p 値 $< \alpha$ ならば帰無仮説 H_0 を棄却し，モデルが妥当ではないと判断する．

■第 3 章

3.1 (1)

```
 Min. 1st Qu. Median  Mean 3rd Qu.  Max.
22.00   34.75  39.00 39.35   43.25 65.00
```

(2)   (3)

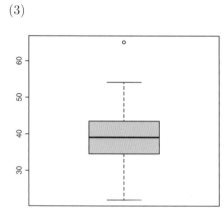

(4)

```
2 | 247
3 | 24567799
4 | 0223469
5 | 4
6 | 5
```

3.2

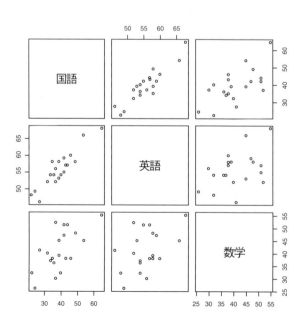

■第 4 章

4.1 (1)

```
Coefficients:
            Estimate Std. Error t value Pr(>|t|)
(Intercept)  31.3593     4.7303   6.629 3.19e-06 ***
国語           0.6490     0.1135   5.717 2.02e-05 ***
---
Signif. codes:  0 '***' 0.001 '**' 0.01 '*' 0.05 '.' 0.1 ' ' 1

Residual standard error: 5.847 on 18 degrees of freedom
Multiple R-squared:  0.6449,    Adjusted R-squared:  0.6251
F-statistic: 32.69 on 1 and 18 DF,  p-value: 2.022e-05
```

(2) クラス 1 のとき

```
Coefficients:
            Estimate Std. Error t value Pr(>|t|)
(Intercept)  36.3803     3.7547   9.689 2.12e-06 ***
国語           0.4134     0.1030   4.014  0.00246 **
---
Signif. codes:  0 '***' 0.001 '**' 0.01 '*' 0.05 '.' 0.1 ' ' 1

Residual standard error: 3.439 on 10 degrees of freedom
Multiple R-squared:  0.6171,    Adjusted R-squared:  0.5788
F-statistic: 16.11 on 1 and 10 DF,  p-value: 0.002461
```

クラス 2 のとき

```
Coefficients:
            Estimate Std. Error t value Pr(>|t|)
(Intercept)  48.6697     5.2974   9.187 9.37e-05 ***
国語           0.3869     0.1093   3.539   0.0122 *
---
Signif. codes:  0 '***' 0.001 '**' 0.01 '*' 0.05 '.' 0.1 ' ' 1

Residual standard error: 3.135 on 6 degrees of freedom
Multiple R-squared:  0.676,    Adjusted R-squared:  0.6221
F-statistic: 12.52 on 1 and 6 DF,  p-value: 0.01224
```

4.2

```
Coefficients:
            Estimate Std. Error t value Pr(>|t|)
(Intercept)  0.450379   0.552290   0.815 0.424905
国語         0.035567   0.008156   4.361 0.000336 ***
英語         0.011977   0.011872   1.009 0.325701
数学         0.030911   0.008237   3.753 0.001348 **
理科        -0.018310   0.010325  -1.773 0.092210 .
社会        -0.018909   0.007954  -2.377 0.028099 *
---
Signif. codes:  0 '***' 0.001 '**' 0.01 '*' 0.05 '.' 0.1 ' ' 1

Residual standard error: 0.5081 on 19 degrees of freedom
Multiple R-squared:  0.8183,    Adjusted R-squared:  0.7705
F-statistic: 17.12 on 5 and 19 DF,  p-value: 1.859e-06
```

4.3 (1) データ点検

```
           y          x1         x2          x3          x4
y  1.0000000  0.87584174  0.6406448 -0.11251803 -0.4661477
x1 0.8758417  1.00000000  0.4134387  0.04214292 -0.3235953
x2 0.6406448  0.41343870  1.0000000 -0.22725469 -0.3471620
x3 -0.1125180 0.04214292 -0.2272547  1.00000000 -0.1486093
x4 -0.4661477 -0.32359526 -0.3471620 -0.14860932  1.0000000
```

(2) 回帰分析

```
Call:
lm(formula = y ~ x1 + x2 + x3 + x4)

Residuals:
    Min      1Q  Median      3Q     Max
-5.2626 -1.7253  0.4655  1.2975  4.7013

Coefficients:
            Estimate Std. Error t value Pr(>|t|)
(Intercept) 192.26099    3.74317  51.363  < 2e-16 ***
x1            0.09756    0.01339   7.288 2.66e-06 ***
x2            0.34622    0.13701   2.527   0.0232 *
x3           -0.11884    0.10437  -1.139   0.2727
x4           -2.29579    1.43023  -1.605   0.1293
---
Signif. codes:  0 '***' 0.001 '**' 0.01 '*' 0.05 '.' 0.1 ' ' 1

Residual standard error: 2.857 on 15 degrees of freedom
Multiple R-squared:  0.8853,    Adjusted R-squared:  0.8547
F-statistic: 28.93 on 4 and 15 DF,  p-value: 6.772e-07
```

(3) 回帰診断

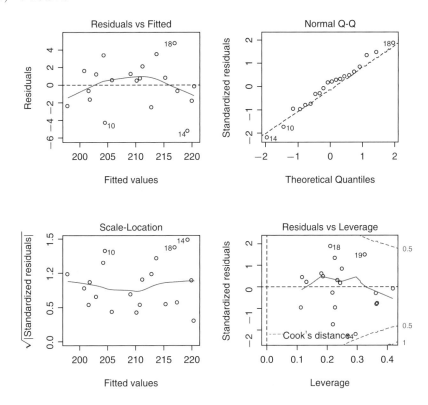

■第5章

5.1 X_1 について

```
Coefficients:
            Estimate Std. Error z value Pr(>|z|)
(Intercept) -2.34586    1.49913  -1.565   0.1176
x1           0.07577    0.04577   1.655   0.0979 .
---
Signif. codes:  0 '***' 0.001 '**' 0.01 '*' 0.05 '.' 0.1 ' ' 1

(Dispersion parameter for binomial family taken to be 1)

    Null deviance: 27.726  on 19  degrees of freedom
Residual deviance: 24.425  on 18  degrees of freedom
AIC: 28.425
```

X_2 について

```
Coefficients:
            Estimate Std. Error z value Pr(>|z|)
(Intercept) -72.9340    35.1958  -2.072   0.0382 *
x2            0.6967     0.3361   2.073   0.0382 *
---
Signif. codes:  0 '***' 0.001 '**' 0.01 '*' 0.05 '.' 0.1 ' ' 1

(Dispersion parameter for binomial family taken to be 1)

    Null deviance: 27.726  on 19  degrees of freedom
Residual deviance: 11.165  on 18  degrees of freedom
AIC: 15.165
```

X_3 について

```
Coefficients:
            Estimate Std. Error z value Pr(>|z|)
(Intercept) -5.90698    3.27051  -1.806   0.0709 .
x3           0.08783    0.04841   1.814   0.0696 .
---
Signif. codes:  0 '***' 0.001 '**' 0.01 '*' 0.05 '.' 0.1 ' ' 1

(Dispersion parameter for binomial family taken to be 1)

    Null deviance: 27.726  on 19  degrees of freedom
Residual deviance: 23.470  on 18  degrees of freedom
AIC: 27.47
```

X_4 について

```
Coefficients:
            Estimate Std. Error z value Pr(>|z|)
(Intercept) -29.9204    13.8854  -2.155   0.0312 *
x4           0.4114     0.1917   2.146   0.0319 *
---
Signif. codes:  0 '***' 0.001 '**' 0.01 '*' 0.05 '.' 0.1 ' ' 1

(Dispersion parameter for binomial family taken to be 1)

    Null deviance: 27.726  on 19  degrees of freedom
Residual deviance: 13.163  on 18  degrees of freedom
AIC: 17.163
```

5.2 すべての説明変数によるロジスティック回帰分析の結果

```
Coefficients:
            Estimate Std. Error z value Pr(>|z|)
(Intercept) -1.365e+02  1.133e+02  -1.205    0.228
x1          -2.206e-02  1.499e-01  -0.147    0.883
x2           9.079e-01  9.252e-01   0.981    0.326
x3          -1.515e-03  1.309e-01  -0.012    0.991
x4           5.669e-01  4.324e-01   1.311    0.190


(Dispersion parameter for binomial family taken to be 1)

    Null deviance: 27.7259  on 19  degrees of freedom
Residual deviance:  6.9251  on 15  degrees of freedom
AIC: 16.925
```

ステップワイズ法によるロジスティック回帰分析の結果

```
Coefficients:
            Estimate Std. Error z value Pr(>|z|)
(Intercept) -134.9389   104.7595  -1.288    0.198
x2             0.8882     0.7773   1.143    0.253
x4             0.5614     0.4187   1.341    0.180

(Dispersion parameter for binomial family taken to be 1)

    Null deviance: 27.7259  on 19  degrees of freedom
Residual deviance:  6.9708  on 17  degrees of freedom
AIC: 12.971
```

■第 6 章

6.1

クラスター番号	1	2	3
サンプル数	4	7	12

6.2

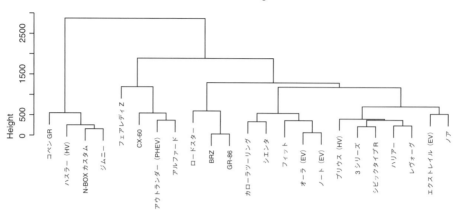

Cluster Dendrogram

■第 7 章

7.1　固有値

主成分	第 1	第 2	第 3	第 4	第 5	第 6
固有値	2.852	1.567	0.675	0.605	0.208	0.092

因子負荷量

	PC1	PC2	PC3	PC4	PC5	PC6
反復横跳び	−0.292	−0.502	0.607	0.362	0.402	−0.035
垂直跳び	−0.422	−0.138	0.310	−0.795	−0.242	−0.124
背筋力	−0.404	0.425	0.276	0.451	−0.599	−0.132
握力	−0.150	0.717	0.257	−0.154	0.558	0.248
50m 走	−0.531	−0.180	−0.370	0.069	−0.050	0.736
走り幅跳び	−0.518	0.041	−0.506	0.065	0.327	−0.602

主成分得点

No.	PC1	PC2	PC3	PC4	PC5	PC6
1	1.396	−0.806	1.285	−0.050	0.274	−0.458
2	0.033	−1.387	0.940	−0.633	0.389	0.134
3	−0.857	1.062	0.792	0.145	−0.661	−0.433
4	0.039	2.615	−1.236	1.259	0.368	0.147
5	1.748	−0.322	−1.085	−0.712	0.926	−0.257
6	0.525	−1.307	−0.023	0.960	0.819	−0.401
7	−1.639	−2.128	0.357	−0.728	0.697	0.310
8	1.554	−0.185	−0.163	−0.461	−0.615	0.277
9	1.813	1.808	−0.250	0.179	0.122	−0.017
10	4.002	0.722	0.921	0.757	0.271	0.014
11	0.260	0.280	0.175	0.473	−0.110	0.487
12	0.575	−1.219	0.968	1.100	−0.618	0.045
13	−2.037	−0.112	−1.017	−0.076	−0.068	−0.592
14	−0.098	0.574	−0.613	0.461	−0.321	−0.109
15	−0.284	−1.415	−1.122	1.327	0.009	0.174
16	−0.217	−0.760	0.261	0.174	−0.141	0.567
17	−1.337	−1.716	−1.387	0.356	−0.617	−0.133
18	−1.289	−1.005	−0.115	0.304	−0.078	0.146
19	−1.466	0.756	1.066	−0.067	−0.244	−0.456
20	−1.281	−0.130	−0.405	−1.303	−0.035	0.069
21	−3.193	1.312	1.024	−0.219	0.164	−0.023
22	−2.486	2.415	0.168	−0.348	0.564	0.365
23	1.654	0.398	−0.990	−1.704	−0.413	−0.099
24	2.643	0.245	−0.070	−1.143	−0.298	0.081
25	−0.057	0.303	0.515	−0.051	−0.382	0.161

7.2

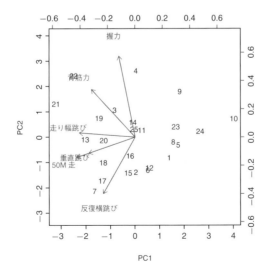

■第 8 章

8.1 寄与率

因子	第 1	第 2	第 3
寄与率	0.361	0.240	0.192

因子負荷量

	FA1	FA2	FA3
反復横跳び	0.226	−0.123	0.964
垂直跳び	0.502	0.187	0.314
背筋力	0.413	0.628	0.155
握力	0.010	0.975	−0.211
50m 走	0.971	0.004	0.230
走り幅跳び	0.867	0.209	0.069

因子得点

No.	FA1	FA2	FA3	No.	FA1	FA2	FA3
1	−1.769	−0.115	1.318	14	0.322	−0.160	−0.708
2	−0.398	−0.142	1.299	15	1.030	−1.424	0.186
3	−0.343	0.664	0.169	16	0.482	−0.333	0.458
4	0.493	1.317	−1.481	17	1.627	−1.947	−0.324
5	−0.565	−0.399	−0.842	18	0.919	−0.499	0.639
6	−0.604	−0.549	1.290	19	−0.263	1.004	0.805
7	0.919	−0.307	1.579	20	0.963	0.072	−0.522
8	−0.329	−0.829	−0.944	21	0.831	2.057	0.988
9	−0.955	0.772	−1.209	22	1.107	2.607	−0.233
10	−2.639	0.231	0.035	23	−0.256	−0.682	−2.167
11	0.131	0.192	−0.005	24	−1.160	−0.491	−1.319
12	−0.610	−0.964	1.247	25	−0.104	0.213	0.054
13	1.172	−0.287	−0.313				

8.2

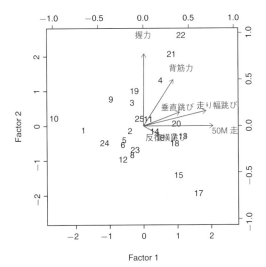

9.1

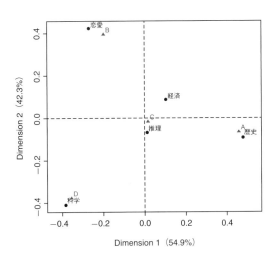

9.2

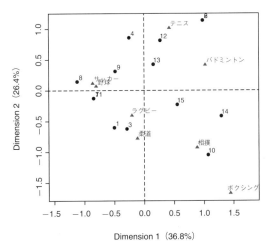

■第10章

10.1 (1)

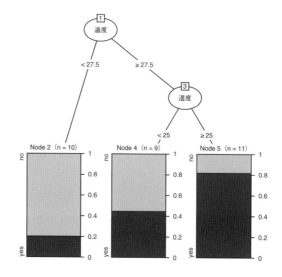

(2)

```
           no        yes
1 0.8000000 0.2000000
2 0.1818182 0.8181818
```

温度 T_d と湿度 H を使って不快指数と呼ばれる値が計算されることがある．不快指数を求める式は

$$0.81T_d + 0.01H(0.99T_d - 14.3) + 46.3$$

であり，上の式で計算された値が 75 を超えると半数以上が不快であるとするとされる．この式は温度と湿度を用いた回帰式ということもできる．

10.2 (1)

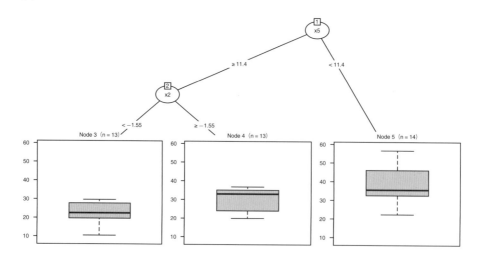

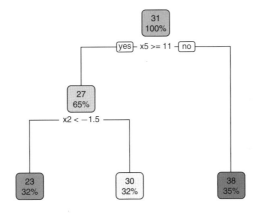

(2)　30.40769

■第 11 章

11.1　(1)

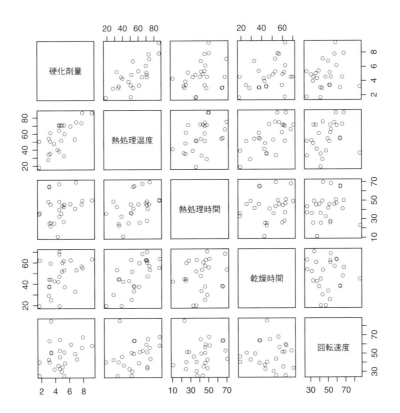

(2)

```
Importance of components:
                       Comp.1    Comp.2    Comp.3    Comp.4     Comp.5
Standard deviation    1.5656417 1.0391997 0.8820911 0.7366055 0.38491216
Proportion of Variance 0.4902468 0.2159872 0.1556170 0.1085175 0.02963147
Cumulative Proportion  0.4902468 0.7062340 0.8618510 0.9703685 1.00000000
```

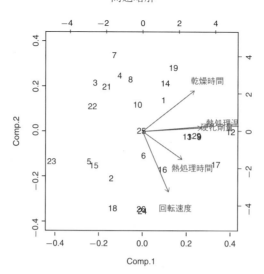

(3)

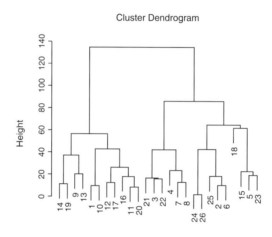

11.2 (1) ヒストグラム（左）と箱ひげ図（右）

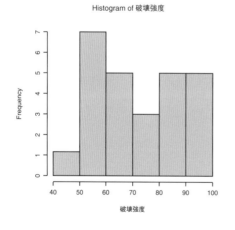

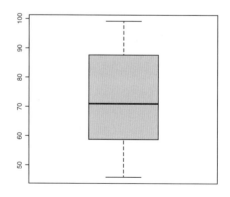

(2)

```
Coefficients:
            Estimate Std. Error t value Pr(>|t|)
(Intercept) 33.80460   12.58130   2.687 0.014179 *
硬化剤量      8.20465    1.81664   4.516 0.000211 ***
熱処理温度   -0.44314    0.27209  -1.629 0.119042
熱処理時間   -0.03398    0.17830  -0.191 0.850788
乾燥時間      0.20049    0.23622   0.849 0.406073
回転速度      0.32680    0.17895   1.826 0.082780 .
---
Signif. codes:  0 '***' 0.001 '**' 0.01 '*' 0.05 '.' 0.1 ' ' 1

Residual standard error: 11.65 on 20 degrees of freedom
Multiple R-squared:  0.6036,    Adjusted R-squared:  0.5045
F-statistic:  6.09 on 5 and 20 DF,  p-value: 0.001392
```

(3)

```
Coefficients:
            Estimate Std. Error z value Pr(>|z|)
(Intercept) 13.29514    5.42716   2.450   0.0143 *
硬化剤量     -1.24339    0.66131  -1.880   0.0601 .
熱処理温度    0.07153    0.06253   1.144   0.2526
熱処理時間   -0.06608    0.04677  -1.413   0.1577
乾燥時間     -0.09617    0.06425  -1.497   0.1344
回転速度     -0.08723    0.04728  -1.845   0.0651 .
---
Signif. codes:  0 '***' 0.001 '**' 0.01 '*' 0.05 '.' 0.1 ' ' 1
```

(4)

```
Coefficients:
            Estimate Std. Error z value Pr(>|z|)
(Intercept)  7.90840    3.37477   2.343   0.0191 *
硬化剤量     -1.05222    0.50802  -2.071   0.0383 *
回転速度     -0.06440    0.03761  -1.712   0.0868 .
---
Signif. codes:  0 '***' 0.001 '**' 0.01 '*' 0.05 '.' 0.1 ' ' 1
```

索　引

著者略歴

内田　治（うちだ　おさむ）

現　在　東京情報大学，日本女子大学大学院 非常勤講師
　　　　（専門分野）統計学，多変量解析，実験計画法

佐野夏樹（さの　なつき）

現　在　東京情報大学総合情報学部 教授
　　　　（専門分野）応用統計学，データマイニング

佐野雅隆（さの　まさたか）

現　在　拓殖大学商学部 准教授
　　　　（専門分野）経営統計，品質管理，生産管理

下野僚子（しもの　りょうこ）

現　在　早稲田大学理工学術院 准教授
　　　　（専門分野）品質管理学，社会システム工学，統計解析

実習ライブラリ＝14
実習 R 言語による多変量解析
　—基礎から機械学習まで—

2023 年 5 月25日　ⓒ　　　　　　初　版　発　行

　　　　内田　　治　　　　発行者　森 平 敏 孝
著 者　佐野　夏樹　　　　印刷者　小宮山恒敏
　　　　佐野　雅隆
　　　　下野　僚子

発行所　株式会社　サイエンス社

〒151-0051　東京都渋谷区千駄ヶ谷 1 丁目 3 番 25 号
〔営業〕（03）5474-8500（代）　振替　00170-7-2387
〔編集〕（03）5474-8600（代）　FAX（03）5474-8900

印刷・製本　小宮山印刷工業（株）
《検印省略》

ISBN978-4-7819-1573-9
PRINTED IN JAPAN

サイエンス社のホームページのご案内
https://www.saiensu.co.jp
ご意見・ご要望は
rikei@saiensu.co.jp　まで